한눈에 알아보는
우리 나무 4

한눈에 알아보는 우리 나무

차이점을 비교하는
신개념 나무도감

4

박승철 지음

식물도감은 보통 사진과 설명을 따로 분리하다 보니, 사진이 작아지고 그 수도 적어 책을 볼 때마다 답답하다는 인상을 지울 수 없었다. 그래서 사진을 크고 시원하게 보면서도 설명을 읽을 수 있으며, 그 뜻을 바로 알 수 있는 나무도감이 필요하다고 생각했고 그에 따라 책을 구성했다. 읽을 때 미리 알아두면 유용한 것들을 간략히 설명한다.

사진의 배치

이 책에 수록된 사진은 1998년부터 2020년까지 23년 동안 현지에서 직접 찍은 150만 장의 사진 가운데 4만여 장을 고른 것이다. 이것을 재료로 나무도감을 집필하여 권당 400~500쪽 정도의 전체 8권으로 묶어낸다. 종당 15장의 사진은 두 페이지에 걸쳐 종의 특징을 보여주는, 다른 도감에서 찾아보기 힘든 대표적인 사진들로 채웠다. 이때 어떤 종을 펼치더라도 나무의 해당 부분 사진이 같은 자리에 오도록 배치했다. 꽃차례부터 잎, 줄기, 나무의 전체적인 모습 등 사진만 비교해도 쉽게 동정同定할 수 있도록 하기 위함이다.

사진을 크게 싣기 위해 설명하는 글은 사진 위 여백을 활용해 넣었다. 이렇게 함으로써 크기가 다른 다양한 나무 사진을 그에 맞게 넣을 수 있었다. 특히 첫 사진에서는 그 종만의 독특한 특징을 개괄해 그것만 읽어도 헷갈리기 쉬운 다른 종과 쉽게 구별할 수 있도록 했다. 사진 속 나무 모습과 설명이 바로 붙어 있어 직관적 이해에 도움을 주는 것도 이 책의 큰 특징이다. 각 자리의 세부적 쓰임새는 다음과 같다.

00 종의 특징을 보여주는 대표 사진.
01 꽃차례花序 전체 모습.
02 홑성꽃單性花일 때 암꽃의 모습.
03 홑성꽃일 때 수꽃의 모습.
04 암술이나 수술, 꽃받침 등 종의 특징을 나타내는 꽃의 특정 부분을 확대.
05 잎 표면(위)과 잎 뒷면.

06 잎자루葉柄나 턱잎托葉의 모습.
07 겹잎複葉을 이루는 작은 잎小葉 하나 또는 홑잎單葉 하나.
08 잎차례葉序, 작은 잎이 모두 모여 이루는 전체 겹잎의 모습.
09 열매가 달리는 열매차례果序의 전체 모습.
10 열매 하나하나의 모습.

11 씨앗種子.
12 잎의 톱니, 잎맥葉脈, 줄기의 가시, 꽃받침, 겨울눈冬芽 등 그 나무만의 특징적인 모습.
13 햇가지新年枝 또는 어린 가지에 난 털이나 겨울눈.
14 나무껍질樹皮과 함께 나무의 높이 등 형태상의 특징.

수록종과 분류 체계

이 책은 우리나라 산과 들에서 자생하는 나무는 물론 해외에서 들여왔지만 우리 땅에 뿌리를 내린 원예종, 선인장과 다육식물까지 총 1500여 종을 수록해 국내 도감 중 가장 많은 수종을 다루고 있다. 특히 원예종 중에서도 야생에서 얼어 죽지 않고 월동하는 나무들을 포함해 공원이나 수목원, 온실 또는 실내에서 흔히 만날 수 있는 나무들까지 모두 수록하려고 노력했다. 그 가운데는 기존의 나무도감에서 찾아볼 수 없던, 이 책에서 처음으로 소개되는 종도 더러 있다. 나무는 우선 크게 일반 수종과 다육으로 나눈 다음, 다시 과별로 묶어 배열했다. 같은 과에서도 모양이나 색깔이 비슷해 헷갈리기 쉬운 종끼리 모아 가급적 비교·검토하기 쉽도록 배치했다.

각 나무는 과명을 먼저 적은 뒤 찾아보기 쉽도록 번호를 붙이고, 국명과 이명(괄호 표시), 학명을 묶어서 적었다. 학명과 국명은 국립수목원의 '국가표준식물목록'을 따랐으며, 여기에 없는 이름은 북미식물군, 중국식물지FOC, 일본식물지 등을 두루 참고했다. 선인장과 다육식물은 국가표준식물목록을 기본으로 'RSChoi 선인장정원'을 참조해 정리했다.

- 국가표준식물목록 http://www.nature.go.kr/kpni/index.do
- 북미식물군Flora of North America http://www.efloras.org

참고 자료

종에 관한 정보는 『대한식물도감』(이창복, 향문사, 1982)과 국립수목원의 '국가생물종지식정보시스템'의 식물도감 편, 『한국식물검색집』(이상태, 아카데미서적, 1997)을 주로 참고했다. 다만 무궁화는 『무궁화』(송원섭, 세명서관, 2004)를, 선인장과 다육식물은 해외 전문 인터넷 사이트도 함께 참고했다.

– 국가생물종지식정보시스템 http://www.nature.go.kr/

용어의 사용

글은 누구나 어렵지 않게 이해할 수 있게끔 가능하면 쉬운 우리말로 풀어썼다. 전문 용어를 쓸 때는 이해를 돕기 위해 사진에 그에 해당하는 부분을 함께 표시했다. 학자마다 다른 용어를 사용하고 있을 때는 일반적으로 두루 쓰이는 용어를 선택했다. 또 한자어 등 다른 이름으로도 자주 쓰이는 말은 제1권 부록에 용어사전을 따로 실어 찾아볼 수 있도록 했다.(용어사전의 양이 많아 제2권부터는 싣지 못했다.) 용어사전은 국립수목원의 '식물용어사전'과 농촌진흥청의 '농업용어사전', 『우리나라 자원식물』(강병화, 한국학술정보, 2012) 등을 참고했다. 용어사전을 먼저 익힌 뒤 도감을 읽어 나가면 시간을 좀 더 절약할 수 있을 것이다.

– 국립수목원 식물용어사전 http://www.nature.go.kr/

– 농촌진흥청 농업용어사전 http://lib.rda.go.kr/newlib/dictN/dictSearch.asp

차례

이삭꽃차례穗狀花序의 길이
백리향: 20밀리미터
섬백리향: 30밀리미터

잎 양면에 샘점이 있어
강한 향기가 있다.

샘점

섬백리향

Thymus quinquecostatus čelak. var. magnus

—

백리향T. quinquecostatus에 비해 꽃이 두 배 정도 크고, 잎 길이가 두 배 정도로 길다. 타임 '웨지 우드'Thymus vulgaris 'Wedge Wood'에 비해 줄기는 곧추 서지 않고 비스듬히 땅 위에 누워 자란다.

타임 '웨지 우드'에 비해
줄기는 곧추 서지 않고 비스듬히
땅 위에 누워 자란다.

잎 가에 톱니
백리향: 없다.
섬백리향: 있다.

꽃지름 비교
백리향: 4밀리미터
섬백리향: 7밀리미터

백리향

섬백리향

입술꽃부리脣形花冠는
지름 7밀리미터 정도다.

암술은 1개, 수술은 4개이며
둘긴수술이다.

꽃받침 위쪽 3개의 갈래조각은
삼각형이고 아래쪽 2개의
갈래조각은 깃꼴羽狀줄꼴이다.

잎자루는
길이 3밀리미터 정도고
털이 있다.

잎은 길이 15밀리미터
폭 8밀리미터 정도다.

잎은 마주 달리며,
달걀같은 길둥근꼴이다.

잎 길이 비교
백리향리향: 8밀리미터
섬백리향: 15밀리미터

섬백리향

어린 가지에
털이 있고
4각이 진다.

높이 3~15센티미터 정도 자라는
갈잎버금떨기나무다.

꽃차례의 길이가
섬백리향보다 짧다.

이삭꽃차례의 길이
백리향: 20밀리미터
섬백리향: 30밀리미터

잎 양면에 샘점이 있어
강한 향기가 있다.

샘점

백리향

[산백리향]

Thymus quinquecostatus

—

섬백리향*Thymus quinquecostatus čelak. var. magnus*에 비해 꽃의 지름이 1/2 정도로
작고, 잎 길이가 1/2 정도로 짧다. 타임 '웨지 우드'*Thymus vulgaris 'Wedge Wood'*에
비해 줄기는 곧추 서지 않고 비스듬히 땅 위에 누워 자란다.

씨앗은 꽃받침 속에 들어 있다.

잎 가에 톱니
백리향: 없다.
섬백리향: 있다.

꽃의 지름
백리향: 4밀리미터
섬백리향: 7밀리미터

입술꽃부리는
지름 4밀리미터 정도다.

암술은 1개, 수술은 4개이며
둘긴수술이다.

꽃받침의 위쪽 3개의 갈래조각은
삼각형이고 아래쪽 2개의
갈래조각은 깃꼴줄꼴이다.

잎자루는 길이 2~3밀리미터 정도고
털이 거의 없다.

잎은 길이 8밀리미터,
폭 3~4밀리미터 정도다.

잎은 마주 달리며
달걀같은 길둥근꼴이다.

잎의 길이
백리향: 8밀리미터
섬백리향: 15밀리미터

높이 3~15센티미터 정도 자라는
갈잎버금떨기나무다.

어린 가지는 털이 있고
4각이 진다.

구기자나무

[구기, 지선, 일본고치낭, 구구재]

Lycium chinense
[Chinese matrimony vine]

—

원가지는 비스듬히 위로 자라며 가지는 밑으로 처진다. 가지에 흔히 가시가 있다. 꽃은 6~9월에 피며 수술은 5개다. 수술대 아래쪽에 흰색 털이 뭉쳐 있다.

꽃은 6~9월, 잎 겨드랑이에
1~4개씩 모여 달린다.

잎 양면에 털이 없다.

물열매는
길이 8~15밀리미터 정도다.

열매는 8~10월에
붉은색으로 익는다.

황백색 씨앗은 콩팥모양腎臟形이고
길이 4밀리미터 정도다.

암술

5개의 수술과
1개의 암술이 있다.

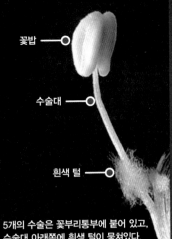

꽃밥

수술대

흰색 털

5개의 수술은 꽃부리통부에 붙어 있고,
수술대 아래쪽에 흰색 털이 뭉쳐있다.

암술대

꽃받침조각

꽃받침조각은 3~5갈래로 갈라지고,
꽃받침조각 끝은 뾰족하다.

잎자루는 길이 1센티미터 정도며
털이 없다.

가시

잎자루

잎은 길이
2~5센티미터 정도다.

잎은 중앙이 넓은 달걀꼴
또는 달걀같은 피침형이다.

구기응애
벌레 혹

가지에는 능선이 있으며
가시가 흔히 있으나 없는 것도 있다.

능선

가시

길이 4미터 정도 자라는
갈잎떨기나무다.

구기자나무

잎과
마주 달리기

꽃차례는 잎과 마주 달리며,
원뿔모양 작은모임꽃차례로
8~9월에 흰색의 꽃이 핀다.

잎 양면에 털이 있다.

배풍등

[배풍등나무, 백영白英]

Solanum lyratum
[Lyreleaf Nightshade]

—

줄기 길이 2~3미터 정도 자란다. 어린 줄기에 샘털이 촘촘히 많다. 잎은 보통 아래쪽에서 1~2쌍의 결각으로 갈라진다. 원뿔모양 작은모임꽃차례에 꽃은 8~9월에 흰색으로 핀다. 열매는 가을에 붉은색으로 익는다.

꽃받침 길이는
폭보다 길다.

물열매는 둥글고
지름 8밀리미터 정도다.

열매는 10월에
붉은색으로 익는다.

꽃받침 길이는 폭보다
배풍등: 길다.
좁은잎배풍등: 짧다.

위쪽이
터진다.

꽃밥

꽃의 색깔
배풍등: 흰색
왕배풍등: 흰색
좁은잎배풍등: 연한 자주색

꽃밥은 길이 3밀리미터 정도며,
꽃밥의 위쪽이 터진다.

꽃잎 중심부는
녹색이다.

암술대는
길게 나온다.

잎에 결각
배풍등: 있다.
좁은잎배풍등: 있다.
왕배풍등: 없다.

갈라진다.

잎은 보통 갈라지지만
결각이 없는 잎도 많다.

잎은 보통 아래쪽에서
1~2쌍의 결각으로 갈라진다.

많은 씨앗이 들어 있다.

씨앗

열매

어린 줄기에 샘털
배풍등: 많다
좁은잎배풍등: 거의 없다.
왕배풍등: 거의 없다.

줄기 길이 2~3미터 정도
자라는 여러해살이풀 또는
덩굴성 버금떨기나무다.

원뿔꽃차례는
길이 30~40센티미터 정도다.

잎 양면에 짧은 털이 촘촘히 많다.

오동나무

[오동]

Paulownia coreana

—

잎은 마주 달리며 둥근꼴에 가깝다. 잎 양면에 짧은 털이 촘촘히 많다. 꽃부리는
길이 5~7센티미터 정도의 깔때기 모양이다. 꽃부리 안쪽에 자주색 줄무늬가 없
다. 암술은 1개, 수술은 둘긴수술이다. 씨앗은 길이 2~4밀리미터 정도고 나비
모양의 날개가 있다.

열매는 10~11월 갈색으로 익는다.

튀는열매는 길이 3~4센티미터 정도다.

씨앗 뭉치

씨앗

튀는열매 속에 많은 씨앗이 뭉쳐진
두 개의 씨앗 뭉치가 있다.

긴 수술

짧은 수술

암술대와 씨방에
털이 있다.

씨방

꽃부리 안쪽에
자주색 줄무늬가 없다.

암술은 1개, 수술은 둘긴수술이다.

잎자루는 길이 9~20센티미터 정도며
털이 있다.

잎은 길이 15~25센티미터,
폭 12~30센티미터 정도며,
흔히 3갈래로 얕게 갈라진다.

잎은 마주 달리며
둥근끝에 가깝다.

어린 가지에 흰색 털이 촘촘히 많다.

높이 15~20미터 정도 자라는
갈잎큰키나무다.

씨앗은 길이 2~4밀리미터 정도고
나비 모양의 날개가 있다.

원뿔꽃차례는
길이 30~40센티미터 정도다.

참오동나무

[참오동]

Paulownia tomentosa

—

오동나무 *P. coreana* 에 비해 꽃부리 안쪽에 자주색 줄무늬가 있다.

잎 양면에 짧은 털이 촘촘히 많다.

열매는 10월 갈색으로 익는다.

튀는열매 속에 많은 씨앗이 뭉쳐진
두 개의 씨앗 뭉치가 있다.

씨앗 뭉치

씨앗

씨앗는 길이 2~4밀리미터 정도고
날개가 있다.

씨앗

날개

자주색
줄무늬

꽃부리에 자주색 줄무늬
오동나무: 없다.
참오동나무: 있다.

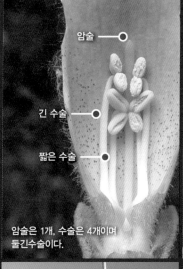

암술

긴 수술

짧은 수술

암술은 1개, 수술은 4개이며
둘긴수술이다.

씨방

씨방은 달걀꼴이며 털이 있다.

잎자루는 길이 9~20센티미터 정도며
털이 있다.

잎은 길이 15~30센티미터,
폭 12~30센티미터 정도다.

잎은 마주 달리며
3~5갈래로 얕게 갈라진다.

꽃부리 안쪽에
자주색 줄무늬가 있다.

어린 가지에 흰색 털이
촘촘히 많다.

높이 15~20미터 정도 자라는
칼잎큰키나무다.

원뿔꽃차례는
길이 10~25센티미터 정도며
6월 황백색 꽃이 핀다.

개오동

[향오동]
—

Catalpa ovata
—

잎은 마주 나거나 어긋나게 달리고 보통 3~5 갈래로 얕게 갈라진다. 원뿔꽃차례는 길이 10~25센티미터 정도며 6월 황백색 꽃이 핀다. 꽃부리 안쪽에 자주색 점 무늬와 노란색 줄무늬가 있다. 튀는열매는 길이 20~35센티미터 정도다. 씨앗은 길이 3센티미터, 폭 3밀리미터 정도다.

잎 양면에 털이 거의 없다.

튀는열매는
길이 20~35센티미터 정도다.

씨앗 양 끝에 긴 흰색 털이 있다.

씨앗

꽃개오동에 비해 씨앗의 폭이 좁다.

3밀리미터

씨앗의 폭
개오동: 3밀리미터
꽃개오동: 6~8밀리미터

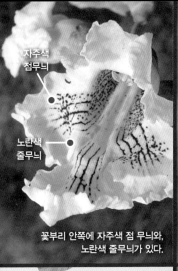

자주색
점무늬

노란색
줄무늬

꽃부리 안쪽에 자주색 점 무늬와,
노란색 줄무늬가 있다.

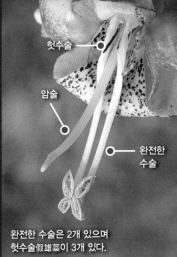

헛수술

암술

완전한
수술

완전한 수술은 2개 있으며
헛수술假雄蘂이 3개 있다.

암술대

꽃받침

씨방

암술대는 1개이며
암술머리는 둘로 갈라진다.

잎자루는 길이 10~18센티미터 정도다.

급한
뾰족끝

잎은 길이 10~27센티미터 정도다.

잎은 마주나거나 어긋나게 달리고
보통 3~5 갈래로 얕게 갈라진다.

꽃부리는
길이 2~3센티미터 정도의
깔때기 모양이다.

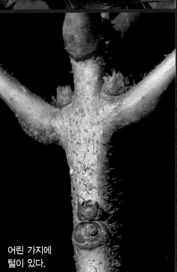

어린 가지에
털이 있다.

높이 6~10미터 정도 자라는
갈잎큰키나무다.

참오동나무

원뿔꽃차례는
길이 25~45센티미터 정도며
6월 황백색 꽃이 핀다.

꽃개오동

[꽃향오동, 양개오동]

Catalpa bignonioides
—

개오동 *C. ovata* 에 비해 어린 가지에 털이 없고 잎은 긴 뾰족끝이다. 꽃부리는 길이 3~5센티미터 정도로 큰 편이며 꽃부리 안쪽에 적갈색 줄무늬가 있다. 씨앗은 길이 4센티미터, 폭 6~8밀리미터 정도로 폭이 넓고 큰 편이다.

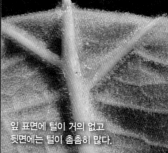

잎 표면에 털이 거의 없고
뒷면에는 털이 촘촘히 많다.

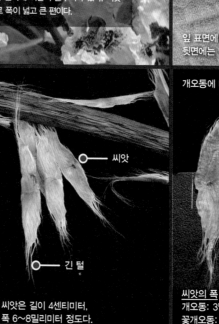

씨앗

긴 털

튀는열매는
길이 20~45센티미터 정도며
10월 암갈색으로 익는다.

씨앗은 길이 4센티미터,
폭 6~8밀리미터 정도다.

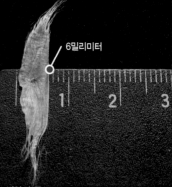

개오동에 비해 씨앗의 폭이 넓다.

6밀리미터

1   2   3

씨앗의 폭
개오동: 3밀리미터
꽃개오동: 6~8밀리미터

꽃부리는
길이 3~5센티미터 정도의
깔때기 모양이다.

자주색
점무늬

적갈색
줄무늬

꽃부리 안쪽에 자주색 점무늬와
적갈색 줄무늬가 있다.

헛수술

완전한 수술

완전한 수술은 2개 있으며,
헛수술이 3개 있다.

잎자루는 길이 10~27센티미터 정도며
자줏빛이 돈다.

잎은 길이 15~25센티미터 정도다.

긴 뾰족끝이다.

잎은 어긋나거나 마주 달리며,
보통 3갈래로 얕게 갈라진다.

꽃부리는 깔때기 모양이다.

어린 가지에 털이 없다.

높이 10~15미터 정도 자라는
갈잎큰키나무다.

능소화

[금등화]

Campsis grandiflora

—

줄기에 공기뿌리가 발달하여 다른 물체에 달라붙어 자란다. 어린 가지에 사마귀 같은 껍질눈이 있다. 작은 잎이 7~13개 정도의 깃꼴겹잎이다. 원뿔꽃차례는 가지 끝에 달리며 5~20개의 꽃이 달린다. 암술은 1개, 수술은 4개이며 둘긴수술이다. 우리나라에서는 열매를 잘 맺지 못한다.

원뿔꽃차례는 가지 끝에 달리며 5~20개의 꽃이 달린다.

잎 양면에 털이 없다.

씨방은 녹색이며 털이 없다.

꽃받침은 길이 3센티미터 정도다.

씨방

꽃받침

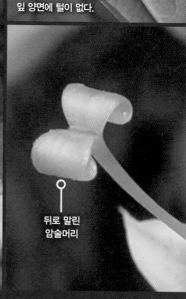

뒤로 말린 암술머리

꽃은 지름 6~8센티미터 정도다.

돌긴수술:
4개의 수술 중, 2개가 길고, 2개는 짧다.

긴 수술

짧은 수술

암술대는 1개이며 암술머리는
둘로 갈라져서 뒤로 말린다.

잎줄기

잎줄기에 털이 없고 홈이 있다.

작은 잎은 길이 3~6센티미터 정도다.

잎은 마주 달리며, 작은 잎이
7~13개 정도인 깃꼴겹잎이다.

어린 줄기에 사마귀 같은 껍질눈이 있다.

껍질눈

부착공기뿌리

줄기에 부착공기뿌리가 발달하여
다른 물체에 달라 붙어 자란다.

부착공기뿌리

줄기 길이 10미터 정도 자라는
갈잎덩굴나무다.

작은모임꽃차례는 가지 끝에
달리며 4~12개의 꽃이 모여 달린다.

잎 표면에 털이 없고,
뒷면에 털이 있다.

미국능소화

[라디칸스 능소화]

Campsis radicans

—

능소화 *C. grandiflora*에 비해 잎줄기와 잎 뒷면에 털이 있다. 꽃은 지름 4~5센티미
터 정도로 작으며 작은모임꽃차례를 이룬다. 꽃차례는 아래로 늘어지지 않는다.

암술머리는 곤충의 접촉에 반응하는
경진성傾震性 경성운동傾性運動을 한다.

암술머리

꽃밥

튀는열매는 길이 7~12센티미터,
폭 2센티미터 정도다.

씨앗은 양쪽에 날개가 있으며,
날개포함 길이 22밀리미터 정도다.

꽃부리통부는
길이 6~8센티미터 정도다.

꽃부리통부

꽃은 지름 4~5센티미터 정도다.

긴 수술

짧은
수술

암술대

둘긴수술이다.

작은 잎자루

잎줄기

잎줄기와
작은 잎자루에 털이 있다.

작은 잎은 길이 3~6센티미터 정도다.

잎은 마주 달리며 작은 잎이
7~11개 정도의 깃꼴겹잎이다.

잎 가에 뾰족한 톱니가 있다.

줄기에 부착공기뿌리가 있으며
껍질눈이 없다.

부착
공기뿌리

줄기 길이 9~12미터 정도 자라는
갈잎덩굴나무다.

머리꽃차례가 모여
원뿔꽃차례를 이룬다.

더위지기
[사철쑥, 인진고]

Artemisia sacrorum Ledeb. var. iwayomogi
—

가지에 능선이 있다. 잎은 어긋나게 달리고 2회 깃꼴로 갈라진다. 잎 양면에 거미줄같은 털이 있다가 없어진다. 꽃은 8월 연한 녹황색으로 피고 머리꽃차례는 지름 2~3밀리미터 정도의 공모양이다.

잎 뒷면은 잔털과 샘점이 있다.

얇은열매에 갓털冠毛이 없고
11월에 익는다.

씨앗은 길이 1~1.5밀리미터 정도다.

잎 양면에 거미줄같은 털이
있다가 없어진다.

머리꽃차례는 지름 2~3밀리미터
정도의 공모양이다.

꽃차례받침
조각

꽃은 8월 연한 녹황색으로 핀다.

꽃차례받침 조각은
2~3줄로 배열된다.

잎의 갈래 조각은
깊게 갈라지고 끝이 날카롭다.

잎은 길이 7~8센티미터 정도다.

잎은 어긋나게 달리고
2회 깃꼴로 갈라진다.

가지에 능선이 있다.

어린 가지에 거미줄 같은 털이 있다.

높이 50~100센티미터 정도 자라는
갈잎떨기나무다.

턱잎

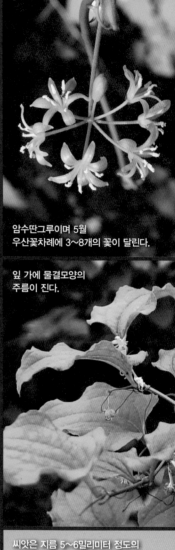

암수딴그루이며 5월
우산꽃차례에 3~8개의 꽃이 달린다.

잎 가에 물결모양의
주름이 진다.

청가시덩굴

[청가시나무, 청밀개덤불, 청열매덤불]

Smilax sieboldii
—
청미래덩굴 S. china에 비해 우산꽃차례에 3~8개의 꽃이 달려 꽃의 숫자가 적다.
열매는 지름 6~8밀리미터 정도고 검은색으로 익는다. 잎 가에 물결모양의 주름
이 진다.

물열매는
지름 6~8밀리미터 정도다.

열매는 9~10월에
검은색으로 익는다.

씨앗은 지름 5~6밀리미터 정도의
공모양이다.

암꽃의 수술은 퇴화한다.

수꽃의 수술은
길이 2~3밀리미터 정도다.

수꽃차례는
길이 10~25밀리미터 정도고
3~8개의 꽃이 달린다.

덩굴손

잎자루

턱잎이 변한
2개의 덩굴손이 있다.

잎은 길이 3~9센티미터,
폭 2~5센티미터 정도다.

잎은 어긋나게 달리고
달걀꼴~넓은 달걀꼴이다.

잎에는 5~7 개의
나란히맥平行脈이 발달한다.

줄기에 날카로운
가시가 있다.

줄기 길이 1~3미터 정도 자라는
갈잎덩굴나무다.

암꽃차례

암수딴그루이며 5월
우산꽃차례를 이룬다.

덩굴손

턱잎이 변한 2개의 덩굴손이 있다.

청미래덩굴
[망개나무, 명감나무, 매발톱가시]

Smilax china
—

줄기 길이 1~5미터 정도 덩굴로 자란다. 줄기에 날카로운 가시가 있다. 잎은 어긋나게 달리고 가죽질이며 길둥근꼴~둥근꼴이다. 턱잎이 변한 2개의 덩굴손이 있다. 암수딴그루이며 우산꽃차례에 10~25개의 꽃이 달린다. 열매는 지름 10~15밀리미터 정도고 붉은색으로 익는다.

물열매는
지름 10~15밀리미터 정도다.

열매는 9~10월
붉은색으로 익는다.

씨앗은 적갈색이며
지름 10밀리미터 정도다.

암술머리는 3갈래로 갈라진다.

수꽃의 수술은 길이 3~4밀리미터 정도다.

수꽃차례는
길이 1~2센티미터 정도고
10~25개의 꽃이 달린다.

잎은 길이 3~10센티미터,
폭 2~10센티미터 정도다.

잎 가장자리에 주름이 없다全緣.

잎은 어긋나게 달리고 가죽질이며
길둥근꼴~둥근꼴이다.

덩굴손

턱잎

가시

턱잎

덩굴손

줄기에 날카로운 가시가 있다.

줄기 길이 1~5미터 정도 자라는
갈잎덩굴나무다.

암수한그루이며 6~7월,
15~20개의 꽃이 모여
머리꽃차례頭狀花序를 이룬다.

잎 뒷면 맥 위에
털이 있거나 없다.

자귀나무

[소쌀밥나무 · 합환화合歡花]

Albizia julibrissin

잎은 어긋나게 달리며, 약 20~30센티미터 길이의 2회깃꼴겹잎이다. 꽃부리의 길이는 5~6밀리미터 정도이며 종모양이다. 수술은 25개 정도고, 길이는 30~35밀리미터 정도다. 수술의 위쪽은 붉은색이고 아래쪽은 흰색이다.

꼬투리열매莢科의
길이는 10~15센티미터 정도다.

꼬투리는 9~10월에
갈색으로 익는다.

씨앗의 길이는
5~9밀리미터 정도다.

꽃받침통의 길이는 3밀리미터 정도이며 5개로 갈라진다.

수술

수술은 25개 정도고, 길이가 30~35밀리미터 정도다. 수술의 위쪽은 붉은색이고 아래쪽은 흰색이다.

꽃부리

꽃받침통

꽃부리는 길이 5~6밀리미터 정도의 종모양이다.

꽃받침통

작은 잎은 24~48개 정도다.

작은 잎은 길이 10~17밀리미터, 폭 2~4밀리미터 정도다.

잎은 어긋나게 달리며, 길이 20~30센티미터 정도의 2회 깃꼴겹잎이다.

나무 모양

어린 가지에는 털이 없다.

약 3~5미터 높이로 자라는 갈잎작은키나무다.

암수한그루이며,
6~7월에 15~20개의
꽃이 모여 머리꽃차례를 이룬다.

잎 양면에
짧은 털이 있다.

왕자귀나무

[작윗대나무 · 흰자위나무]

Albizia kalkora

자귀나무*A. julibrissin*에 비해 작은 잎은 길이 20~40밀리미터, 폭 5~20밀리미터
정도로 큰 편이다. 꽃은 흰색이며, 수술은 30~40개로 많은 편이다.

씨앗의 길이는
7밀리미터 정도다.

꼬투리열매의 길이는
10~15센티미터 정도다.

꼬투리는 10~11월에
갈색으로 익는다.

수술은 30~40개 정도고,
길이가 약 25~35밀리미터 정도다.

수술은
흰색이다.

머리꽃차례가 모여
원뿔꽃차례가 된다.

잎줄기에 털이 있고
잎 표면에 털이 있다.

작은 잎은
길이 20~40밀리미터,
폭 5~20밀리미터 정도다.

잎은
깃꼴겹잎이며,
작은 잎은
14~24개
정도다.

작은 잎은
마주 달린다.

어린 가지에는
털이 있다.

약 3~8미터
높이로 자라는
갈잎작은키나무다.

술모양꽃차례의 길이는
7∼15센티미터 정도다.

잎 양면에
털이 거의 없다.

족제비싸리

Amorpha fruticosa

—

꽃의 길이는 6∼8밀리미터 정도이며 날개꽃잎翼瓣과 용골꽃잎龍骨瓣은 없고 기꽃잎旗瓣만 있다. 술모양꽃차례의 길이는 7∼15센티미터 정도다. 열매의 길이는 약 7∼10밀리미터이고, 씨앗은 대개 1개씩 들어있다.

꼬투리열매의
길이는 7∼10밀리미터
정도고, 샘점이 있다.

샘점

열매는 9월에 익으며
겨울에도 달려 있다.

씨앗은 대개 1개씩 들어있고
길이가 약 5밀리미터다.

꽃의 길이는
6~8밀리미터
정도다.

날개꽃잎과
용골꽃잎은 없고
기꽃잎만 있다.

기꽃잎

꽃은 자주색이며
향기가 강하다.

잎줄기에
털이 없다.

작은 잎은
길이 1~3센티미터
정도다.

작은 잎이 11~25개
정도인 깃꼴겹잎이다.

꽃에서
꿀이 많이 나오는
밀원식물蜜源植物이다.

어린 가지에
털이 있으나
점차 없어진다.

약 2~3미터
높이로 자라는
갈잎떨기나무다.

쌍성꽃兩性花은 4~5월,
1~2개가 모여 핀다.

잎줄기 끝에
보통 가시가
있다.

골담초

Caragana sinica

—

가지에는 능선이 있으며, 턱잎이 변한 가시가 있다. 작은 잎이 4개씩인 깃꼴겹잎
이고 잎줄기 끝에는 보통 가시가 있다. 꽃은 1~2개가 모여 피며 길이가 25~30
밀리미터 정도다. 꼬투리열매의 길이는 30~35밀리미터 정도이며, 열매가 거의
익지 못한다.

꼬투리열매의 길이는
30~35밀리미터 정도이며
털이 없다.

열매는
거의 익지 못한다.

꽃받침조각에 털

꽃의 길이는
약 25~30밀리미터다.

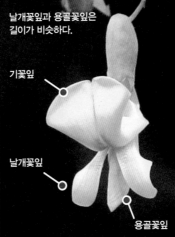

날개꽃잎과 용골꽃잎은
길이가 비슷하다.

기꽃잎

날개꽃잎

용골꽃잎

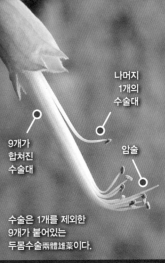

나머지
1개의
수술대

9개가
합쳐진
수술대

암술

수술은 1개를 제외한
9개가 붙어있는
두몸수술兩體雄蕊이다.

턱잎의 길이는
4~6밀리미터 정도고,
점차 가시로 변하게 된다.

턱잎

작은 잎의 길이는
2~3센티미터 정도다.

작은 잎이
4개씩인
깃꼴겹잎이다.

고리마디

꽃자루의 길이는
1센티미터 정도이며,
꽃자루에는 한 개의
고리마디環節가 있다.

가지에 능선이 있고
턱잎이 변한
가시가 있다.

턱잎이
변한
가시

잎줄기

잎줄기
끝에 가시

약 2미터
높이로 자라는
갈잎떨기나무다.

꽃은 쌍성꽃이며,
4~5월에 잎보다 먼저 핀다.

10월에 노란색으로
단풍이 든다.

박태기나무

[구슬꽃나무 · 밥태기꽃나무 · 소방목]

Cercis chinensis
[Chinese Redbud]

—

약 2~5미터 높이로 자란다. 꽃은 쌍성꽃이며 4~5월에 잎보다 먼저 핀다. 꼬투리열매의 길이는 7~12센티미터 정도로 캐나다박태기나무보다 약간 길다. 꼬투리는 낫처럼 구부려져 휜다.

꼬투리열매는
낫처럼 구부려져
휜다.

꼬투리의 모양
박태기나무: 휜다.
캐나다박태기: 곧다.

씨앗은 황갈색이며
길이가 7~8밀리미터 정도고,
편평한 길둥근꼴이다.

우산꽃차례

꽃의 길이는
6~15밀리미터 정도다.

수술

기꽃잎

용골꽃잎

날개꽃잎

꽃밥

수술대

수술은 10개,
암술은 1개이다.

잎자루

턱잎

잎의 길이는
5~10센티미터
정도다.

잎은 어긋나게 달리며,
가죽질이고 염통꼴밑이다.

땅에서
몇 개의 줄기가 올라와
포기를 형성한다.

잎자루

껍질눈

어린 가지에는
껍질눈이 많다.

약 2~5미터
높이로 자라는
갈잎떨기나무다.

꽃은 쌍성꽃이며
4~5월에 잎보다
먼저 핀다.

캐나다박태기

Cercis chinensis L.
[eastern redbud, Judas tree, redbud]
—

박태기나무*C. chinensis*에 비해 꼬투리의 길이는 5~7센티미터 정도로 짧으며 꼬
투리가 낫처럼 구부러지지 않고 곧게 퍼진다. 박태기나무보다 약 6~12미터 높
이로 크다.

잎 뒷면 잎줄겨드랑이에
약간의 털이 있다.

꼬투리열매는
구부러지지
않고 곧다.

꼬투리의 모양
박태기나무는 휜다.
캐나다박태기는 곧다.

꼬투리열매의 길이
박태기나무: 7~12센티미터
캐나다박태기: 5~7센티미터

씨앗은 흑갈색이며
약 6미리미터 정도의 지름으로
박태기나무보다 조금 작은 편이다.

우산꽃차례를
이룬다.

기꽃잎

날개
꽃잎

수술대

용골꽃잎

꽃탑

꽃은 홍자색으로 핀다.

잎은 거의 둥근꼴이며,
잎 밑은 염통꼴밑이다.

잎은 길이와
폭이 7~12센티미터
정도다.

잎은 어긋나게 달리며,
가죽질이다.

어린 가지는 갈색이며
껍질눈이 많다.

잎자루

껍질눈

박태기나무보다
높게 자란다.

약 6~12미터
높이로 자라는
갈잎떨기나무다.

술모양꽃차례의 길이는
3~5센티미터 정도고,
5~6개의 꽃이 모여 달린다.

잎 표면에 털이 없고

뒷면에 흰색 털이
촘촘하다.

개느삼

[개너삼 · 개미풀]

sophora koreensis

—

깃꼴겹잎의 길이는 4~6센티미터이며, 작은 잎은 13~30개 정도다. 술모양꽃차
례의 길이는 3~5센티미터 정도고, 5~6개의 꽃이 모여 달린다. 꽃의 길이는 15
밀리미터 정도다. 꼬투리열매의 길이는 3~7센티미터 정도고, 7월에 익는다.

꼬투리열매의 길이는
약 3~7센티미터다.

열매 가장자리에
4줄의 날개 같은
돌기가 있다.

돌기

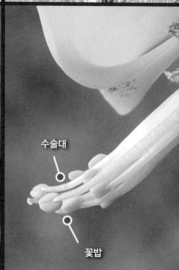

수술대

꽃밥

기꽃잎

날개
꽃잎

용골
꽃잎

기꽃잎은 둥글며
뒤로 젖혀지고, 날개꽃잎과
용골꽃잎은 길이가 비슷하다.

암술은 1개,
수술은 10개이다.

씨방

암술

씨방은 털이 많으며
6~7개의 밑씨가
들어 있다.

잎줄기에
털이 있다.

작은 잎의 길이는
8~10밀리미터 정도다.

깃꼴겹잎의 길이는
4~6센티미터 정도이며,
작은 잎은 13~30개 정도다.

나무 모양

어린 가지에는
털이 있다.

약 40~100센티미터
높이로 자라는
갈잎떨기나무다.

술모양꽃차례의 길이는
10~15센티미터 정도고
다성꽃雜性花이다.

잎 양면 맥 위에
털이 있다.

주엽나무

[주엽나무]

Gleditsia japonica

—

줄기에 적갈색 가시가 있고 가시는 다시 갈라지며 가시의 횡단면은 다소 납작
하다. 작은 잎이 보통 5~10쌍 정도인 깃꼴겹잎이다. 꼬투리열매의 길이는 약
20~30센티미터이며 비틀려서 꼬인다.

꼬투리열매는
10월에 흑갈색으로
익는다.

꼬투리의 길이는
20~30센티미터 정도이며
비틀려서 꼬인다.

씨앗의 길이는
약 1센티미터이며
흑갈색이다.

꽃의 지름은
5~6밀리미터 정도다.

수술은 6~13개이며
수술대에 털이 있다.

꽃받침조각과 꽃잎은
각 5개씩이다.

꽃받침
조각

꽃잎

잎줄기에 홈이 있으며
털이 약간 있다.

작은 잎은
길이 2~5센티미터,
폭 3센티미터 정도다.

작은 잎이
보통 5~10쌍 정도인
깃꼴겹잎이다.

가시횡단면

가시의 횡단면은
다소 납작하다.

줄기에 적갈색
가시가 있으며,
가시는 다시
갈라진다.

약 20미터
높이로 자라는
갈잎큰키나무다.

술모양꽃차례의 길이는
7~110센티미터 정도이며,
다성꽃이다.

잎 양면 맥 위에
약간의 털이 있다.

민주엽나무

[민주염나무]

Gleditsia japonica f. inarmata

—

주엽나무G. japonica에 비해 줄기에 가시가 없다. 꽃은 지름 8밀리미터 정도다. 수술은 보통 4–5개이다.

꼬투리 열매는
10월에 흑갈색으로
익는다.

꼬투리의 길이는 25센티미터 정도이며
약간 비틀려서 꼬이거나 구부러진다.

씨앗은 12밀리미터 정도이며
흑갈색이다.

꽃의 지름은
8밀리미터
정도다.

수술은 보통 4~5개이며
수술대에 털이 있다.

꽃받침조각과 꽃잎은
각 5개씩이다.

두몸수술
兩體雄蘂

꽃잎

꽃받침조각

잎줄기에는
홈이 있으며
털이 있다.

작은 잎의 길이는
4~5센티미터 정도다.

작은 잎이 보통 5~10쌍
정도인 깃꼴겹잎이다.

지난해
가지는 흑적색이며
가시와 털이 없다.

줄기에 가시가 없어
주엽나무와 구별한다.

20미터 높이로
자라는
갈잎큰키나무다.

술모양꽃차례의 길이는
5~12센티미터 정도이며,
꽃차례와 꽃 피는 가지의
잎 길이가 비슷하다.

잎 표면에 누운털이 있고

잎 뒷면에도 누운털이 있다.

땅비싸리

[논싸리]

Indigofera kirilowii

작은 잎이 7~11개인 깃꼴겹잎이다. 작은 잎의 길이는 1~4센티미터 정도이며, 잎
양면에 누운 털샷톤이 있다. 술모양꽃차례의 길이는 5~12센티미터 정도로 꽃차
례와 꽃 피는 가지의 잎 길이가 비슷하다. 꽃은 길이 12~18밀리미터 정도이며
날개꽃잎과 용골꽃잎의 길이가 거의 비슷하다.

씨앗은
갈색이다.

꼬투리의 길이는
3~7센티미터 정도다.

꼬투리열매는
10월에 갈색으로 익는다.

꽃의 길이는
12~18밀리미터
정도다.

날개꽃잎

용골꽃잎

날개꽃잎과 용골꽃잎의
길이가 거의 비슷하다.

두몸수술

꽃받침

잎줄기에는
털이 없다.

작은 잎의 길이는
1~4센티미터 정도다.

잎은 어긋나게 달리며,
작은 잎이 7~11개인
깃꼴겹잎이다.

암술

꽃밥

어린 가지에
잔털이 있으나
점차 없어지며
능선이 있다.

약 1미터 높이로
자라는
갈잎작은떨기나무다.

술모양꽃차례의 길이는
5~12센티미터 정도로,
꽃차례와 꽃 피는 가지의
잎 길이가 비슷하다.

잎 표면에 누운 털이 있고

잎 뒷면에
털이 전혀 없는
특징이 있다.

좀땅비싸리

[민땅비싸리 · 민땅비수리]

Indigofera koreana
—

땅비싸리 *I. kirilowii*에 비하여 꽃의 길이는 8~12밀리미터로 작은 편이며 잎 뒷면에
털이 전혀 없는 것이 특징이다.

꼬투리열매의 길이는
3~6센티미터 정도다.

열매는
10월에
갈색으로 익는다.

씨앗

꽃의 길이는
8~12밀리미터 정도로
땅비싸리보다 작다.

기꽃잎

날개꽃잎

용골꽃잎

날개꽃잎과 용골꽃잎의
길이가 거의 비슷하다.

암술

두몸수술

꽃받침

턱잎

잎줄기에 약간의
누운 털이 있다.

작은 잎의 길이는
1~4센티미터 정도다.

잎은 어긋나게 달리며,
작은 잎이 7~11개인
깃꼴겹잎이다.

잎 표면에
누운 털

잎 끝에
작은 돌기가
있다.

어린 가지에
잔털이 있으나
곧 없어진다.

약 1미터 높이로
자라는
갈잎작은떨기나무다.

꽃 피는
가지의 잎

꽃차례

술모양꽃차례의 길이는
15~20센티미터 정도로 길며,
꽃차례의 길이가
꽃 피는 가지의 잎 길이보다 훨씬 길다.

잎 뒷면에
누운 털

큰꽃땅비싸리
Indigofera grandiflora
—

땅비싸리(*I. kirilowii*)에 비하여 작은 잎은 길이 4~6센티미터 정도로 큰 편이며 잎
양면에 누운털이 있다. 술모양꽃차례의 길이는 15~20센티미터 정도로 길며 꽃
차례의 길이가 꽃 피는 가지의 잎 길이보다 훨씬 길다. 꽃의 길이는 17~22밀리
미터 정도로 큰 편이다.

꼬투리는
10월에 갈색으로
익는다.

잎 표면에
누운 털이 있다.

꼬투리열매의 길이는
5~7센티미터 정도다.

꽃의 길이는
17~22밀리미터 정도로
땅비싸리보다 크다.

기꽃잎

날개꽃잎

용골꽃잎

날개꽃잎과
용골꽃잎의 길이가
거의 비슷하다.

꽃받침

잎줄기에 약간의
누운 털이 있다.

작은 잎은
길이 4~6센티미터 정도로
땅비싸리보다 큰 편이다.

잎은 어긋나게 달리며,
작은 잎이 7~11개인
깃꼴겹잎이다.

암술

두몸수술

두몸수술: 1개를 제외한 나머지의
수술대가 붙어있어 전체적으로
2몸을 이루고 있는 수술(콩과).

턱잎

어린 가지에
잔털이 있으나
곧 없어진다.

약 1~1.5미터
높이로 자라는
갈잎떨기나무다.

술모양꽃차례의 길이는
4~6센티미터 정도다.

잎 양면에
누운 털이
있다.

낭아초

[물깜싸리]

Indigofera pseudotinctoria
—

약 30~60센티미터 높이로 자란다. 줄기가 흔히 옆으로 퍼져 바닥을 기면서 자
란다. 7~11개의 작은 잎으로 이루어진 깃꼴겹잎이다. 술모양꽃차례의 길이는
4~6센티미터 정도고 꽃의 길이는 6~10밀리미터 정도다. 꼬투리열매는 길이
2~3센티미터 정도다.

꼬투리열매의 길이는
2~3센티미터 정도다.

꼬투리 속에
5~6개의 씨앗이
들어 있다.

씨앗

꽃의 길이는
6~10밀리미터
정도다.

기꽃잎

날개꽃잎

용골꽃잎

용골꽃잎과 날개꽃잎은
길이가 비슷하다.

꽃받침조각은
길이가
서로 다르다.

잎줄기에
좁은 날개가
있다.

작은 잎의 길이는
10~25밀리미터
정도다.

7~11개의
작은 잎으로 이루어진
깃꼴겹잎이다.

잎 끝에
작은 돌기가
있다.

돌기

어린 가지에
누운 털이 있다.

약 30~60센티미터
높이로 자라는
갈잎버금떨기나무
落葉亞灌木다.

줄기가
흔히 옆으로 퍼져
바닥을 기면서 자란다.

술모양꽃차례의 길이는
15~20센티미터 정도로
낭아초보다 길다.

잎 양면에
누운 털이
있다.

큰낭아초
Indigofera bungeana
—

낭아초*I. pseudotinctoria*에 비해 줄기는 바닥을 기면서 자라지 않고, 곧추서거나 비
스듬히 위로 솟아 약 1~2미터 높이로 자란다. 7~15개의 작은 잎으로 이루어진
깃꼴겹잎이며, 작은 잎은 길이 3~5센티미터 정도로 낭아초보다 많고 크다. 술모
양꽃차례의 길이는 15~20센티미터 정도로 낭아초보다 길다.

10월, 열매

꼬투리열매의 길이는
3~5센티미터 정도다.

꼬투리 속에
황갈색 씨앗이
들어 있다.

씨앗

꽃의 길이는
8~15밀리미터 정도다.

용골꽃잎과
날개꽃잎은
길이가 비슷하다.

꽃받침

잎줄기에
누운 털이
있다.

작은 잎의 길이는
3~5센티미터 정도로
낭아초보다 크다.

잎은 7~15개의
작은 잎으로
이루어진
깃꼴겹잎이다.

작은 잎은
길둥근꼴

줄기는 곧추서거나
비스듬히 위로 자라며,
약 1~2미터 높이로
자라는 갈잎버금떨기나무다.

어린 가지에
누운 털이 있다.

술모양꽃차례이지만
머리꽃차례처럼 보인다.

잎 양면에 털이 거의 없다.

긴잎참싸리

Lespedeza cyrtobotrya var. longifolia

—

참싸리*L. cyrtobotrya*의 변종이다. 작은 잎은 길둥근꼴이며 길이 6∼10센티미터,
폭 4센티미터 정도로 작은 잎의 길이가 참싸리보다 길다.

꼬투리열매

꼬투리열매의 길이는
4∼6밀리미터 정도다.

씨앗의 길이는
3밀리미터 정도다.

기꽃잎

꽃의 길이는
10~12밀리미터
정도다.

날개꽃잎

용골꽃잎

기꽃잎>날개꽃잎>용골꽃잎
순으로 작다.

꽃받침잎은
중앙 정도까지
갈라진다.

작은 잎은
길둥근꼴이며
길이 6~10센티미터,
폭 4센티미터 정도다.

잎줄기에
짧은 털이
있다.

잎은 어긋나게 달리며,
3출겹잎이다.

잎의 크기와
모양 비고

참싸리

긴잎참싸리

턱잎

어린 가지에
털과 능선이 있다.

약 1~2미터 높이로
자라는 갈잎떨기나무다.

술모양꽃차례이지만
머리꽃차례처럼 보인다.

꽃대가
길다.

꽃대의 길이
참싸리: 짧다
꽃참싸리: 길다

잎 표면에 털이 거의 없다.

꽃참싸리

Lespedeza x *nakaii*
—

싸리+참싸리의 잡종으로 본다. 고양싸리와 비슷하지만 잎 표면에 털이 거의 없다. 잎 뒷면의 털은 싸리나 참싸리와 같다. 꽃받침조각은 반 이상 깊이 갈라졌으며, 끝이 참싸리처럼 뾰족하다. 참싸리에 비해 꽃대의 길이가 길며, 꽃대는 실처럼 가늘고 연약하며 털이 거의 없다.

잎 뒷면의 털은
싸리, 참싸리와 비슷하다.

꼬투리열매의 길이는
4~6밀리미터 정도다.

머리꽃차례처럼 보인다.

잎 끝은
대개 오목하다.

기꽃잎>날개꽃잎>용골꽃잎
순으로 작다.

기꽃잎

용골꽃잎

꽃의 길이는
10밀리미터 정도다.

깊이 갈라진다.

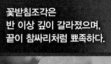

꽃받침조각은
반 이상 깊이 갈라졌으며,
끝이 참싸리처럼 뾰족하다.

잎줄기에
누운 털이 있다.

작은 잎은 길이 4~5센티미터,
폭 25~30밀리미터 정도이며,
잎 끝은 대개 오목하다.

잎은 어긋나게 달리며,
3출겹잎이다.

싸리와 참싸리의
잡종으로 본다.

어린 가지에는
털과 능선이 있다.

줄기는
겨울 동안
죽지 않는다.

약 1~2미터
높이로 자라는
갈잎떨기나무다.

꽃참싸리

잎겨드랑이에 달리는
술모양꽃차례의 길이는
1~2센티미터 정도로
작은 잎보다 짧으며
머리꽃차례처럼 보인다.

참싸리

Lespedeza cyrtobotrya

—

잎 겨드랑에 달리는 술모양꽃차례의 길이는 1~2센티미터 정도로 작은 잎보다
짧으며 머리꽃차례처럼 보인다. 꽃의 길이는 10~12밀리미터 정도이며 기꽃잎>
날개꽃잎>용골꽃잎 순으로 작다. 잎 끝은 대개 오목하다.

잎 표면의 털은
점차 없어지며

잎 뒷면에
누운 털이 있다.

열매는
10월에 익는다.

씨앗

꼬투리열매의 길이는
4~6밀리미터 정도다.

오래된 가지는
밑으로 처진다.

기꽃잎

용골꽃잎

날개꽃잎

꽃의 길이는
10∼12밀리미터
정도다.

기꽃잎〉날개꽃잎〉용골꽃잎〉 순으로 작다.

꽃받침조각은
중앙 정도까지
갈라진다.

잎줄기에
짧은 털이 있다.

작은 잎은
길이 5∼6센티미터,
폭 4센티미터 정도다.

잎은 어긋나게 달리며,
3출겹잎이다.

약 1∼2미터 높이로
자라는 갈잎떨기나무다.

턱잎

잎 끝은
대개 오목하다.

어린 가지에
털과 능선이 있다.

잎겨드랑이에 달리는 술모양꽃차례에 3~8개의 꽃이 달린다.

꽃차례 아래쪽에 꽃이 없다.

잎 표면에 약간의 털이 있고

잎 뒷면에 털이 많다.

해변싸리

Lespedeza maritima

—

잎은 가죽질이고 광택이 있으며 주름이 지고 뒤로 말린다. 꽃은 9월에 피며 용골꽃잎>기꽃잎>날개꽃잎 순으로 작다. 꽃받침잎은 중앙 이하까지 깊게 갈라진다. 열매의 길이는 7~10밀리미터 정도이며, 마른 꽃잎이 남아있다. 조록싸리+참싸리의 잡종이다.

마른 꽃잎

꼬투리열매의 길이는 7~10밀리미터 정도이며, 마른 꽃잎이 남아있다.

씨앗의 길이는 4~5밀리미터 정도다.

위쪽 꽃받침조각은 다시 둘로 갈라진다.

꽃의 길이는 10~15밀리미터 정도다.

기꽃잎

날개꽃잎

용골꽃잎

용골꽃잎>기꽃잎>날개꽃잎 순으로 작다.

꽃받침조각은 중앙 이하까지 깊게 갈라진다.

깊게 갈라진다.

잎줄기에 털이 있다.

잎은 가죽질이고 광택이 있으며 주름이 지고 뒤로 말린다.

잎은 어긋나게 달리며, 3출겹잎이다.

잎가장자리는 주름이 지고 뒤로 말린다.

어린 가지에는 털과 능선이 있다.

약 1~2미터 높이로 자라는 갈잎떨기나무다.

줄기는 겨울 동안 말라 죽지 않는다.

해변싸리

73

꽃차례 아래쪽에 꽃이 있다.

술모양꽃차례의 길이는 7~10센티미터 정도다.

잎 표면에 털이 없고

뒷면에 누운 털이 촘촘하다.

지리산싸리

Lespedeza x *chiisanensis*
—

조록싸리에 비해 꽃받침조각은 중앙 이하까지 깊이 갈라진다. 털조록싸리에 비해 잎 표면에 털이 없다. 싸리+조록싸리의 잡종으로 본다.

꼬투리열매의 길이는 10~15밀리미터 정도고, 길게 뾰족하다.

꼬투리열매

씨앗의 길이는 3~4밀리미터 정도다.

기꽃잎

날개꽃잎

용골꽃잎

날개꽃잎이
기꽃잎이나
용골꽃잎보다 짧다.

꽃받침조각은
중앙 이하까지
깊이 갈라진다.

깊이
갈라진다.

작은 잎의 길이는
3~6센티미터 정도다.

잎은 어긋나게 달리며,
3출겹잎이다.

잎줄기에
털이 있다.

끝작은잎은 길이가
폭의 2배 이하다.

꽃받침

턱잎은
줄꼴이다.

약 1~2미터
높이로 자라는
갈잎떨기나무다.

어린 가지에는
털이 있다.

술모양꽃차례의 길이는
7~12센티미터 정도다.
꽃차례 아래쪽에
꽃이 달린다.

잎 표면에 털이 없고

뒷면에 비단털絹毛이 많다.

늦싸리

[좁은잎풀싸리]

Lespedeza maximowiczii var. elongata
—

조록싸리*L. maximowiczii*에 비해 끝작은잎의 길이는 폭의 3배 정도로, 잎의 폭이 아
주 좁다. 꽃은 8~9월에 피고 조록싸리+풀싸리의 잡종으로 본다.

꼬투리열매의 길이는
10~15밀리미터 정도고,
길게 뾰족하다.

씨앗

3출겹잎

날개꽃잎

용골꽃잎

날개꽃잎이 기꽃잎이나
용골꽃잎보다 짧다.

꽃받침조각은
중간 정도
갈라진다.

잎줄기에
털이 있다.

끝작은잎의 길이가
폭의 3배 정도로
잎의 폭이 아주 좁다.

잎은 어긋나게 달리며,
3출겹잎이다.

끝작은잎

옆작은잎

작은 잎의
폭이 아주 좁다.

턱잎

어린 가지에는
털이 있다.

약 1~3미터
높이로 자라는
갈잎떨기나무다.

술모양꽃차례의 길이는
3~10센티미터 정도다.
꽃차례 아래쪽에 꽃이 달린다.

잎 표면에 털이 없고

뒷면에 비단털이 촘촘하다.

조록싸리
Lespedeza maximowiczii
—
잎 끝은 뾰족하고, 잎 밑은 둥글다. 잎 표면에 털이 없고 뒷면에 비단털이 있다.
꽃받침조각은 중간 정도 갈라진다. 꽃차례 아래쪽에 꽃이 달리고 열매는 길게 뾰족하다.

꼬투리열매의 길이는
10~15밀리미터 정도고,
길게 뾰족하다.

꼬투리에 누운 털이 있으며
9~10월에 익는다.

씨앗은 1개씩
들어 있다.

씨앗

날개꽃잎이
기꽃잎이나
용골꽃잎보다
짧다.

날개꽃잎

용골꽃잎

암술

기꽃잎

수술

용골꽃잎

꽃받침잎은
중간 정도
갈라진다.

꽃싸개

작은 잎의 길이는
3~6센티미터 정도이며,
잎 끝은 뾰족하고
잎 밑은 둥글다.

잎은
어긋나게 달리며,
3출겹잎이다.

잎줄기에
털이 많다.

작은 잎의 끝은
뾰족하다.

턱잎은
줄꼴이다.

어린 가지에는
털이 있다.

약 1~3미터
높이로 자라는
갈잎떨기나무다.

꽃차례 아래쪽에
꽃이 달린다.

술모양꽃차례의 길이는
7~10센티미터 정도다.

잎 표면에도 털이 있고

뒷면에 털이 많다.

털조록싸리

[털나무싸리]

Lespedeza maximowiczii var. tomentella

—

조록싸리와는 달리 잎 표면에도 털이 있으며 잎의 양 끝이 뾰족하다. 지리산싸
리와는 달리 꽃받침조각은 중앙까지 갈라진다. 조록싸리와 풀싸리의 잡종으로
본다.

꼬투리열매의 길이는
10~15밀리미터 정도고,
길게 뾰족하다.

꼬투리에
누운 털이 있으며
9~10월에 익는다.

씨앗의 길이는
3~4밀리미터
정도다.

날개꽃잎이 기꽃잎이나
용골꽃잎보다 짧다.

기꽃잎

날개꽃잎

용골꽃잎

꽃받침조각은
중앙까지 갈라진다.

중간까지
갈라진
꽃받침조각

잎줄기에
털이 촘촘하다.

잎은 어긋나게 달리며,
3출겹잎이다.

작은 잎의 길이는
3~6센티미터 정도고,
잎 양끝이 뾰족하다.

턱잎은
줄꼴

어린 가지에
털이 있다.

약 1~2미터
높이로 자라는
갈잎떨기나무다.

술모양꽃차례

잎겨드랑이에 달리는
술모양꽃차례의 길이는
4~8센티미터 정도다.

꽃차례
아래쪽에
꽃이 없다.

잎 표면의 털은 없어지며

잎 뒷면에 누운 털이 있다.

싸리
[싸리나무]

Lespedeza bicolor
—

줄기는 겨울 동안 지상부가 반 이상 말라 죽는다. 잎 끝은 둥글며 약간 오목하고
잎 표면의 털은 없어지며, 잎 뒷면에 누운 털이 있다. 기꽃잎이 가장 길고 날개꽃
잎은 용골꽃잎과 길이가 비슷하다. 꽃받침조각은 반 이내로 얕게 갈라진다.

열매는
10월에
익는다.

꼬투리열매의 길이는
5~7밀리미터 정도다.

씨앗의 길이는
약 3밀리미터다.

기꽃잎

날개꽃잎

용골꽃잎

기꽃잎이 가장 길고
날개꽃잎은 용골꽃잎과 길이가 비슷하다.

얕게
갈라진다.

꽃받침잎은
반 이내로
얕게 갈라진다.

두몸수술

꽃받침
조각은
아래 것이
조금 길다.

잎줄기에
짧은 누운
털이 있다.

작은 잎의 길이는
3~5센티미터 정도이며,
잎 끝은 둥글고 약간 오목하다.

잎은 3출겹잎이며,
넓은 달걀꼴 또는
거꿀달걀꼴倒卵形이다.

위쪽의 꽃받침조각은
다시 두 갈래로
갈라진다.

어린 가지에
누운 털과
능선이 있다.

약 1~3미터
높이로 자라는
갈잎떨기나무다.

줄기는
겨울 동안
지상부가
반 이상
말라 죽는다.

꽃차례
아래쪽에
꽃이 없다.

잎겨드랑이에 달리는
술모양꽃차례의 길이는
약 3~7센티미터다.

잎 표면의 털이 떨어지지 않아
싸리나무와 구별한다.

잎 뒷면에 풀싸리와 비슷한
짧은 누운 털이 있다.

고양싸리

Lespedeza x *robusta*

—

잎은 조록싸리와 풀싸리의 중간형이다. 잎 표면의 털은 낙엽이 질 때까지 떨어지
지 않아 싸리나무와 구별한다. 잎 뒷면에 풀싸리와 비슷한 짧은 누운 털이 있다.
기꽃잎 끝은 뾰족하고 날개꽃잎은 용골꽃잎과 길이가 비슷하다.

열매는
10월에
익는다.

꼬투리열매의 길이는
7~8밀리미터 정도다.

위쪽 가지는
아래로 늘어진다.

기꽃잎
끝은
뾰족하다.

날개꽃잎

날개꽃잎은 용골꽃잎과
길이가 비슷하다.

뾰족하다.

위쪽 꽃받침조각은
다시 둘로 갈라진다.

두몸수술

꽃받침조각은
깊게 갈라진다.

잎줄기에
누운 털이
있다.

작은 잎의 길이는
약 3~6센티미터이며
잎 끝은 둔하거나
약간 오목하다.

잎은 조록싸리와
풀싸리의 중간형이다.

잎은
어긋나게 달리며,
3출겹잎이다.

바늘 모양의 돌기

잎 뒷면
누운 털

잎 끝은 둔하거나
약간 오목하다.

어린 가지에
누운 털과
능선이 있다.

약 1~2미터
높이로 자라는
갈잎떨기나무다.

줄기는
겨울 동안
지상부가 말라
죽지 않는다.

고양싸리

잎겨드랑이에 달리는
술모양꽃차례 또는
가지 끝에 달리는
원뿔꽃차례를 이룬다.

꽃차례
아래쪽에
꽃이 없다.

잎 표면에 털이 없고

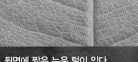

뒷면에 짧은 누운 털이 있다.

잡싸리

Lespedeza x *schindleri*

—

꽃받침조각은 중앙 이하까지 깊게 네 갈래로 갈라지고 밑 부분이 가장 길다. 가
지 끝은 다소 늘어지고 겨울에 지상부가 거의 말라 죽는다. 싸리+풀싸리의 잡종
으로 본다.

꼬투리열매의 길이는
7~8밀리미터 정도다.

열매는
10월에
익는다.

꽃받침에
털이 있다.

기꽃잎

날개꽃잎

날개꽃잎은 기꽃잎이나
용골꽃잎보다 짧다.

꽃받침조각은
중앙 이하까지
깊게 네 갈래로
갈라진다.

꽃받침조각은
깊게 갈라진다.

두몸수술

꽃받침조각은
밑의 것이
가장 길다.

잎줄기에
짧은 누운
털이 있다.

작은 잎은
길이 3~6센티미터,
폭 3센티미터 정도다.

잎은 어긋나게 달리며,
3출겹잎이다.

돌기

잎 끝은 둔하거나 뾰족하며,
중심맥의 연장인 돌기가 있다.

턱잎

어린 가지에
누운 털과
능선이 있다.

약 1~2미터
높이로 자라는
갈잎버금떨기나무다.

오목하다.

부채싸리
Lespedeza thunbergii var. retusa
—
풀싸리(*L. thunbergii* subsp. *formosa*)의 변종으로 잎 끝이 오목하게 파여 있다.

잎겨드랑이에 달리는 술모양꽃차례가 모여 원뿔꽃차례를 이룬다.

꽃차례 아래쪽에 꽃이 없다.

잎 양면에 짧은 누운 털이 있다.

꼬투리열매의 길이는 7~8밀리미터 정도다.

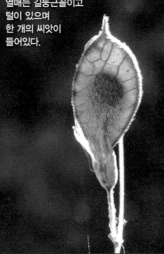

열매는 길둥근꼴이고 털이 있으며 한 개의 씨앗이 들어있다.

열매는 10~11월에 익는다.

기꽃잎

날개꽃잎

용골꽃잎

날개꽃잎은 기꽃잎이나
용골꽃잎과 길이가 비슷하다.

꽃받침조각은
깊게 갈라진다.

꽃받침조각은
밑의 것이
가장 길다.

잎줄기와
작은 잎자루에
짧은 누운
털이 있다.

작은
잎자루

작은 잎의 길이는
3~6센티미터 정도이며
잎 끝이 오목하게 파여 있다.

오목하다.

잎은 어긋나게 달리며,
3출겹잎이다.

오목하다.

잎 끝이 오목하게 파여 있고,
중심맥의 연장인
바늘 모양의 돌기가 있다.

어린 가지에
누운 털과
능선이 있다.

약 1~2미터
높이로 자라는
갈잎떨기나무다.

줄기는
겨울 동안 대부분
말라 죽는다.

꽃차례 아래쪽에
꽃이 없다.

잎 양면에 짧은 누운 털이 있다.

풀싸리
Lespedeza thunbergii
—
줄기는 겨울 동안 말라 죽고 꽃은 술모양꽃차례가 모여 원뿔꽃차례를 이룬다. 꽃
받침조각은 깊이 갈라지며, 밑의 것이 가장 길다. 잎의 끝은 둔하다.

열매는
10~11월에
익는다.

꼬투리열매의 길이는
10~12밀리미터 정도다.

용골꽃잎이
날개꽃잎보다
길다.

꽃잎

암술

두몸수술

날개꽃잎이
가장 짧다.

꽃받침조각은
밑의 것이
가장 길다.

용골꽃잎

꽃받침조각은 깊이 갈라지며,
위쪽의 꽃받침조각은
다시 두 갈래로 갈라진다.

잎줄기에
짧은 털이
있다.

잎은
어긋나게
달리며,
3출겹잎이다.

작은 잎의 길이는
3~6센티미터 정도다.

돌기

잎의 끝은
둔하다.

줄기는
겨울 동안
말라 죽는다.

중심맥의 연장인
바늘 모양의
돌기가 있다.

어린 가지에
능선이 있고
누운 털이 있다.

약 1~2미터
높이로 자라는
갈잎떨기나무다.

풀싸리

꽃차례
아래쪽에
꽃이 없다.

잎 양면에
짧은 누운 털이 있다.

흰풀싸리
Lespedeza thunbergii 'Alba'
—
풀싸리에 비해 흰색 꽃이 핀다.

꼬투리열매의 길이는
10～12밀리미터 정도다.

용골꽃잎이 날개꽃잎보다 길다.

용골꽃잎

날개꽃잎

기꽃잎

열매는
10～11월에
익는다.

날개꽃잎이
가장 짧다.

기꽃잎

날개꽃잎

암술

두몸수술

꽃받침조각은
밑의 것이
가장 길다.

꽃받침조각은
깊이 갈라지며,
위쪽의 꽃받침조각은
다시 두 갈래로
갈라진다.

잎줄기에
짧은 털이
있다.

작은 잎의 길이는
3∼6센티미터 정도다.

잎은
어긋나게
달리며,
3출겹잎이다.

돌기

잎의 끝은
둔하다.

중심맥의 연장인
바늘 모양의
돌기가 있다.

어린 가지에
능선이 있고
누운 털이 있다.

줄기는
겨울 동안
말라 죽는다.

약 1∼2미터
높이로 자라는
갈잎떨기나무다.

꽃은 8~9월에 흰색으로
잎겨드랑이에 모여 핀다.

잎 표면에
털이 없고,
뒷면에
잔털이
있다.

비수리

[야관문夜關門 · 노우근老牛筋]

Lespedeza cuneata

—

잎은 어긋나게 달리며, 3출겹잎이다. 잎은 길이 10~25밀리미터, 폭 2~4밀리미
터 정도다. 꽃은 잎보다 짧으며 8~9월에 흰색으로 잎겨드랑이에 모여 핀다. 기
꽃잎 아래쪽에 자주색 줄무늬가 있다. 꽃받침조각은 거의 끝까지 갈라진다.

열매는 10월에
황갈색으로 익는다.

씨앗에
흑적색
얼룩점斑點이
있다.

꼬투리열매의 길이는
약 3밀리미터다.

꽃은 잎보다 짧다.

기꽃잎 아래쪽에
자주색 줄무늬가 있다.

꽃받침조각은
거의 끝까지
갈라진다.

잎은 길이 10~25밀리미터,
폭 2~4밀리미터 정도다.

잎은 어긋나게 달리며,
3출겹잎이다.

잎자루의 길이는
5~15밀리미터다.

잎자루의 길이는
5~15밀리미터
정도다.

어린 가지에는
털이 있고
능선이 있다.

약 1미터
높이로 자라는
여러해살이풀多年草
또는 버금떨기나무
亞灌木다.

꽃차례는 잎보다 길이가 길며
8월에 흰색으로
술모양꽃차례를 이룬다.

잎 표면에
누운 털이 있거나 없고,
뒷면에 짧은 털이 많다.

호비수리

Lespedeza davurica
—

비수리에 비해 높이가 30~50센티미터 정도 작게 자라며 줄기는 완전히 땅을 기
거나 옆으로 비스듬히 자란다. 잎은 길이 15~30밀리미터, 폭 5~10밀리미터 정
도로, 비수리보다 약간 길고 폭이 넓다. 꽃받침조각의 길이는 약 6밀리미터 이상
으로 길다.(비수리는 3밀리미터 이내)

열매는 10월에
황갈색으로 익는다.

꼬투리열매의 길이는
약 3~4밀리미터다.

꽃받침조각은
열매보다 길다.

술모양꽃차례이지만
머리꽃차례처럼 보인다.

기꽃잎 아래쪽에
진한 붉은색
줄무늬가 있다.

꽃받침 조각의 길이
비수리: 3밀리미터 이내
호비수리: 6밀리미터 이상

꽃받침조각의
길이가 길다.

끝작은잎의
작은 잎자루가
비수리에 비해
긴 편이다.

잎은 길이 15~30밀리미터,
폭 5~10밀리미터 정도다.

잎은 어긋나게 달리며,
3출겹잎이다.

닫힌 꽃閉鎖花은
꽃차례 아래쪽에
모여 달린다.

정상꽃

닫힌 꽃

어린 가지에는
털이 있고
능선이 있다.

약 30~50센티미터
높이로 자라는
여러해살이풀 또는
버금떨기나무다.

땅비수리
[당비수리]

Lespedeza juncea
[Chinese Lespedeza]

—

약 100~120센티미터 높이로 자란다. 잎 뒷면에 누운 털이 많다. 닫힌꽃은 꽃차례 아래쪽에 모여 달리고 기꽃잎에 진한 자주색 줄무늬가 있다. 꽃받침의 길이는 3밀리미터 이하다.

꽃차례는 잎보다
호비수리: 길다.
땅비수리: 짧다.
청비수리: 짧다.
비수리: 짧다.

잎 뒷면에
누운 털이 많다.

닫힌 꽃
정상적인 꽃

닫힌 꽃은
꽃차례 아래쪽에
모여 달린다.

닫힌 꽃

잎 크기 비교

비수리

땅비수리

기꽃잎에
진한 자주색
줄무늬가 있다.

기꽃잎

날개꽃잎

용골꽃잎

꽃받침조각의 길이는
3밀리미터 이하다.

작은 잎은
길이 15~35밀리미터,
폭 2~7밀리미터 정도다.

잎줄기와
작은 잎자루에
짧은 털이 있다.

잎은
어긋나게 달리며,
3출겹잎이다.

돌기

중심맥의
연장인
돌기가 있다.

어린 가지에는
능선과
잔털이 있다.

약 100~120센티미터
높이로 자라는
여러해살이풀
또는 버금떨기나무다.

8~9월에 흰색 꽃이 모여
술모양꽃차례를 이룬다.

잎 양면에
짧은 털이 있다.

개싸리

Lespedeza tomentosa

—

줄기는 곧추서거나 비스듬히 위로 자라고 작은 잎의 길이는 3~6센티미터 정도
다. 8~9월에 흰색 꽃이 모여 술모양꽃차례를 이룬다. 꽃의 길이는 7~8밀리미터
정도다. 정상적인 꽃은 대개 열매가 익지 못한다. 닫힌 꽃은 9~10월에 갈색으로
익는다.

열매에
꽃받침이
남아 있다.

꼬투리열매는
둥근꼴이며
털이 있다.

닫힌 꽃의 결실

닫힌 꽃은 9~10월에
갈색으로 익는다.

정상적인 꽃

닫힌 꽃

꽃차례 밑 부분에
닫힌 꽃이 달린다.

꽃의 길이는
7~8밀리미터
정도다.

꽃받침조각은 다섯 갈래로
깊이 갈라지며
위쪽은 다시 두 갈래로
갈라진다.

턱잎은 줄꼴이고
뾰족하다.

턱잎

작은 잎의 길이는
3~6센티미터 정도다.

잎은 어긋나게 달리며,
3출겹잎이다.

잎 뒷면 잎맥은
뚜렷하게 도드라진다.

어린 가지에는
털이 있고
능선이 있다.

정상적인 꽃

닫힌 꽃

약 1미터
높이로 자라는
여러해살이풀 또는
버금떨기나무다.

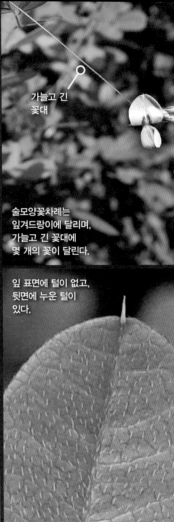

가늘고 긴
꽃대

술모양꽃차례는
잎겨드랑이에 달리며,
가늘고 긴 꽃대에
몇 개의 꽃이 달린다.

잎 표면에 털이 없고,
뒷면에 누운 털이
있다.

좀싸리

[좀풀싸리]

Lespedeza virgata

—

작은 잎은 길이 15～25밀리미터, 폭 10～15밀리미터 정도다. 술모양꽃차례는 잎
겨드랑이에 달리며, 몇 개의 흰색 꽃이 핀다. 꽃의 길이는 6밀리미터 정도이며 두
개씩 마주 달린다. 꽃받침조각은 네 개로 깊이 갈라지며 위쪽 꽃받침조각은 다시
두 갈래로 갈라진다.

꼬투리열매의 길이는
3밀리미터 정도다.

열매는 10월에
갈색으로 익는다.

씨앗의 지름은
1～2밀리미터 정도이며
황록색 바탕에
붉은색 얼룩점이 있다.

꽃의 길이는
6밀리미터 정도다.

꽃은 두 개씩
마주 달린다.

꽃받침조각은
네 갈래로 깊이 갈라지며
위쪽 꽃받침조각은 다시 두 갈래로
갈라진다.

턱잎은
바늘꼴이다.

턱잎

잎은
어긋나게 달리며,
3출겹잎이다.

작은 잎은
길이 15~25밀리미터,
폭 10~15밀리미터 정도다.

꽃은 마주 달린다.

어린 가지에
누운 털이 있고
능선이 있다.

약 50센티미터
높이로 자라는
갈잎버금떨기나무다.

술모양꽃차례의 길이는
10~20센티미터 정도이며
7월에 흰색 꽃이 핀다.

잎 표면에 털이 없고
뒷면 중심맥에
약간의 털이 있다.

다릅나무

[소터래나무 · 쇠코뜨래나무]

Maackia amurensis

—

솔비나무*M. fauriei*에 비해 작은 잎은 크고(길이 5~8센티미터), 작은 잎의 숫자는 7~11개로 적다. 잎자루와 작은 잎자루에 털이 없고 열매 꼬투리에 날개가 없다.

꼬투리열매의 길이는
3~6센티미터 정도다.

씨앗은 콩팥 모양腎臟形이며
길이가 6~8밀리미터 정도다.

잎 끝은 아까시나무에
비해 뾰족하다.

날개가
없다.

뾰족하다.

꽃의 길이는
약 10~12밀리미터다.

기꽃잎의
아래쪽은
초록색이다.

기꽃잎

날개꽃잎

용골꽃잎

꽃차례에
털이 없다.

잎줄기와
작은 잎자루에는
털이 없다.

작은 잎의 길이는
5~8센티미터 정도다.

잎은 어긋나게 달리며,
작은 잎이 7~11개인
깃꼴겹잎이다.

4월, 새잎의 색깔

어린 가지와
겨울눈에
털이 있다.

약 7~15미터
높이로 자라는
갈잎큰키나무다.

다릅나무

꽃은 7~8월에
황백색으로 피며
술모양꽃차례를
이룬다.

솔비나무

Maackia fauriei

—

다릅나무*M. amurensis*에 비해 작은 잎의 크기가 작고(길이 3~6센티미터), 작은 잎
의 숫자가 보통 13개 이상으로 많다. 잎줄기와 작은 잎자루에 털이 있다. 꼬투리
한 쪽에 좁은 날개가 있다.

잎 양면에
솜털이 있으나
점차 없어진다.

씨앗은 콩팥 모양이며
길이가 약 6~8밀리미터다.

날개

꼬투리열매 한 쪽에
좁은 날개가 있다.

암술대

씨방에
털이 많다.

꽃의 길이는
7~11밀리미터 정도다.

수술은 10개,
암술은 1개다.

꽃자루에
갈색 누운 털이 많다.

작은 잎은
길이 3~6센티미터,
폭 1~2센티미터 정도다.

잎은 어긋나게 달리며,
작은 잎이 9~17개인
(보통 13개 이상)
깃꼴겹잎이다.

잎줄기와
작은 잎자루에
털이 있다.

5월, 새잎의 색깔

어린 가지에
회백색 털이
촘촘하다.

약 7~10미터
높이로 자라는
갈잎큰키나무다.

술모양꽃차례의 길이는
10∼25센티미터 정도다.

잎 양면에는
갈색 털이 있다.

칡

Pueraria lobata

—

줄기는 다른 나무를 감고 올라가며 어린 가지에 황갈색 털이 많다. 작은 잎의 길이는 10∼15센티미터 정도이며 잎 양면에는 갈색 털이 있다. 꽃의 길이는 18∼25밀리미터 정도고, 기꽃잎 아래쪽은 노란색이다. 꼬투리열매의 길이 는 4∼9센티미터 정도이며 갈색 털이 많다.

꼬투리열매의 길이는
4∼9센티미터 정도이며
갈색 털이 촘촘하다.

꼬투리는
9∼10월에
흑갈색으로
익는다.

수술은 10개이며
두몸수술이다.

꽃의 길이는
18~25밀리미터 정도고,
기꽃잎 아래쪽은 노란색이다.

기꽃잎

용골꽃잎

아래쪽
꽃받침조각이
가장 길다.

턱잎

턱잎의 길이는
10~20밀리미터
정도다.

작은 잎의 길이는
10~15센티미터
정도다.

잎은
어긋나게 달리며,
3출겹잎이다.

줄기는
다른 나무를
왼쪽으로
감아 올라간다.

턱잎

어린 가지에
황갈색 털이 많다.

줄기의 길이가
10미터 정도 자라는
갈잎덩굴나무다.

송이모양꽃차례의 길이는
10~20센티미터 정도다.

아까시나무

[아카시아나무]

Robinia pseudoacacia

[False Acacia]

—

어린 가지에 털은 없어지고 턱잎이 변한 가시가 있다. 잎은 어긋나게 달리며, 작은 잎이 9~19개인 깃꼴겹잎이다. 송이모양꽃차례의 길이는 10~20센티미터 정도다. 꼬투리열매의 길이는 5~10센티미터 정도이며, 한 꼬투리에 5~10개의 씨앗이 들어 있다.

잎 양면에
털은 거의 없다.

꼬투리열매의 길이는
5~10센티미터 정도다.

꼬투리는
편평하고
털이 없다.

씨앗의 길이는
5밀리미터 정도다.

꽃의 길이는
15~20밀리미터
정도다.

기꽃잎의 아래쪽은
황록색이다.

기꽃잎

날개꽃잎

용골꽃잎

수술은 10개이며,
수술대 아래쪽이
완전히 붙어 있는
두몸수술이다.

한 개의
수술

꽃받침

9개의
수술은
아래쪽이
완전히
붙어 있다.

턱잎

잎줄기에 털이 없고
작은 잎자루 아래쪽에
가시 같은 턱잎이 있다.

작은 잎의 길이는
2~5센티미터 정도다.

잎은 어긋나게 달리며,
작은 잎이 9~19개인
깃꼴겹잎이다.

가지에 길이
약 1~3센티미터
정도의
날카로운
가시가 있다.

턱잎

어린 가지에
털은 없어지고
턱잎은 가시로 변한다.

약 10~25미터
높이로 자라는
갈잎큰키나무다.

5월, 술모양꽃차례에
분홍색 꽃 3~8개가 달린다.

꽃아까시나무

[꽃아카시아 · 털아카시아나무]

Robinia hispida

—

아까시나무에 비해 약 1미터 높이로 작게 자란다. 줄기와 가지에 가시처럼 딱딱
한 붉은색 털이 많다. 꽃은 분홍색이고 꼬투리열매에 붉은색 털이 많다.

잎 표면에 털이 없고
뒷면 맥 위에
약간의 털이 있다.

꼬투리에
3~5개의 씨앗이
들어 있다.

씨앗

꼬투리열매는
9~10월에 적갈색으로
익는다.

꼬투리에
딱딱한 붉은색
털이 많다.

꽃차례의 길이는
4∼8센티미터 정도다.

꽃의 길이는
15∼20밀리미터
정도다.

암술은 한 개이며
암술머리에 털이 있다.

암술

꽃받침조각

수술은 한 개를
제외한 9개가 붙어있는
두몸수술이다.

작은 잎의 길이는
2∼5센티미터 정도다.

잎은 어긋나게 달리고,
작은 잎이 7∼15개인
깃꼴겹잎이다.

잎줄기와
작은 잎자루에
붉은색 털이
촘촘하다.

잎줄기에
붉은색 털

줄기와 가지에
가시처럼
딱딱한 붉은색
털이 많다.

약 1(∼3)미터
높이로 자라는
갈잎떨기나무다.

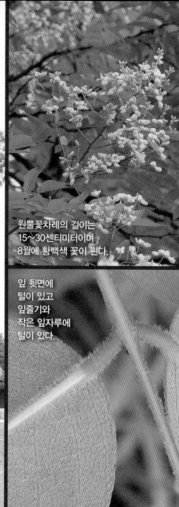

원뿔꽃차례의 길이는
15~30센티미터이며
8월에 황백색 꽃이 핀다.

잎 뒷면에
털이 있고
잎줄기와
작은 잎자루에
털이 있다.

회화나무

[괴나무]

Styphnolobium japonicum

잎은 어긋나게 달리며, 작은 잎이 7~17개인 깃꼴겹잎이다. 원뿔꽃차례의 길이는
15~30센티미터 정도이며, 8월에 황백색 꽃이 핀다. 꼬투리열매의 길이는 3~8
센티미터 정도다. 꼬투리열매는 염주 모양으로 잘록하며 아래로 드리운다. 열매
는 10월에 익지만 벌어지지 않는다.

꼬투리열매의 길이는
3~8센티미터 정도다.
열매는 10월에 익지만
벌어지지는 않는다.

꼬투리는 염주 모양으로
잘록하며 아래로 드리운다.

꼬투리열매에
씨앗 사이는
줄어서 좁아진다.

꽃받침

꽃의 길이는
12~15밀리미터
정도다.

꽃받침의 길이는
3~4밀리미터 정도다.

수술은
10개
암술은
1개이다.

작은 잎은 길이 3~6센티미터,
폭 15~25밀리미터 정도다.

잎은 어긋나게 달리며
작은 잎이 7~17개인
깃꼴겹잎이다.

잎줄기의
아래쪽은
굵게 부푼다.

어린 가지에는
털이 있다.

씨앗의 길이는
7~9밀리미터
정도다.

약 10~25미터
높이로 자라는
갈잎큰키나무다.

술모양꽃차례의
길이는
20~40센티미터
정도다.

등

[참등 · 등나무 · 왕등나무]

Wisteria floribunda

—

작은 잎이 13~19개인 깃꼴겹잎이고 작은 잎의 길이는 4~8센티미터 정도다. 술모양꽃차례의 길이는 20~40센티미터 정도이며, 아래로 드리운다. 기꽃잎 아래쪽에 두 개의 돌기가 있다. 꼬투리열매의 길이는 10~20센티미터 정도다.

잎 양면에
털은 점차 없어진다.

꼬투리열매의 길이는
10~20센티미터 정도다.

8월, 열매

씨앗은 지름
11~14밀리미터다.

꽃의 길이는
15~20밀리미터
정도다.

기꽃잎

날개꽃잎

용골꽃잎

기꽃잎 아래쪽에
두 개의 돌기가 있다.

돌기

잎줄기에
털이 없고
작은 잎자루에
털이 있다.

작은 잎의 길이는
4~8센티미터 정도다.

잎은 어긋나게
달리며,
작은 잎이
13~19개인
깃꼴겹잎이다.

작은 잎자루

작은 잎자루의 길이는
4~5밀리미터이며
털이 있다.

줄기는 덩굴이 되어
다른 나무를
감고 자란다.

어린 가지에
갈색 털이 있으나
없어진다.

줄기의 길이가
10미터 이상 자라는
갈잎덩굴나무다.

술모양꽃차례의 길이는
20~40센티미터 정도다.

잎 양면에 털은
점차 없어진다.

흰등

Wisteria floribunda f. alba

—

등*W. floribunda*에 비해 꽃이 흰색으로 핀다.

꼬투리 표면에
부드러운
털이 많다.

꼬투리열매의 길이는
10~20센티미터 정도다.

씨앗의 지름은
11~16밀리미터 정도다.

꽃의 길이는
15~20밀리미터
정도다.

기꽃잎

날개꽃잎

돌기

기꽃잎 아래쪽에
두 개의 돌기가 있다.

잎줄기와
작은 잎자루에
털이 있다.

작은 잎의 길이는
4~8센티미터 정도다.

잎은 어긋나게 달리며,
작은 잎이 13~19개인
깃꼴겹잎이다.

겨울눈

어린 가지에
갈색 털이 있으나
없어진다.

줄기의 길이가
10미터 이상 자라는
갈잎덩굴나무다.

암수딴그루이며
술모양꽃차례의 길이는
4~12센티미터 정도다.

잎 양면에는
털이 없다.

굴거리나무
[굴거리 · 청대동]

Daphniphyllum macropodum

잎은 가지 끝에 모여 달리고 긴 길둥근꼴이다. 잎은 길이 14~25센티미터, 폭 3~6센티미터 정도다. 곁맥側脈은 10~19쌍 정도고 꽃에는 꽃잎이 없다. 굳은씨열매核果의 지름은 8~10밀리미터 정도고 11월에 흰 가루가 덮인 검은색으로 익는다.

굳은씨열매의 지름은
8~10밀리미터 정도다.

열매는 11월에
흰 가루가 덮인
검은색으로 익는다.

씨앗의 길이는
약 8~9밀리미터다.

수꽃의 수술은
8~10개 정도이며
꽃잎이 없다.

씨방의 길이는 1~2밀리미터 정도이며,
암술머리는 보통 2개씩이고
뒤로 젖혀진다.

암꽃차례

곁맥은
10~19쌍
정도다.

잎은 길이 14~25센티미터,
폭 3~6센티미터 정도다.

잎은 가지 끝에 모여 달리며,
긴 길둥근꼴이다.

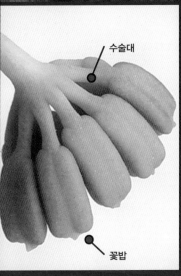

수술대

꽃밥

어린 가지에는
털이 없다.

약 3~10미터
높이로 자라는
늘푸른작은키나무다.

굴거리나무

원뿔꽃차례는
가지 끝에 달리며
5월에 흰색 꽃이 핀다.

어린 잎 양면에
황갈색 털은
점차 없어진다.

유동

[지나기름나무]

Vernicia fordii

—

어린 가지에 털이 없고 능선이 있으며 잎 밑에 2개의 샘물질이 있다. 원뿔꽃차례는 5월 흰색 꽃이 핀다. 꽃의 지름 은 4~6센티미터 정도다. 꽃잎 안쪽에 붉은색 줄무늬가 있다. 열매의 지름은 3~4센티미터 정도고 끝이 뾰족하다.

튀는 열매蒴果의 지름은
3~4센티미터 정도고
끝이 뾰족하다.

씨앗의 지름은
20~25밀리미터
정도다.

열매는
9월에 갈색으로
익는다.

꽃의 지름은
4~6센티미터
정도다.

암꽃

수꽃의 암술은
퇴화한다.

꽃받침

샘물질

잎은 어긋나게 달리며,
염통꼴心臟形~둥근꼴이다.

잎 밑에
두 개의 샘물질이
있다.

잎은 길이 10~18센티미터,
폭 10~15센티미터 정도다.

10개의 수술은
두 줄로 배열된다.

어린 가지에는
털이 없고
능선이 있다.

약 10미터 높이로
자라는 갈잎큰키나무다.

원뿔꽃차례의 길이는
7~18센티미터 정도다.

잎 양면에
별 모양
털이 있다.

예덕나무

[꽤잎나무 · 비닥나무]

Mallotus japonicus
—

어린 가지에 별 모양 털이 촘촘하다. 잎은 넓은 달걀꼴이며 세 갈래로 얕게 갈라
진다. 잎 양면에 별 모양 털이 있다. 원뿔꽃차례의 길이는 7~18센티미터 정도다.
암꽃의 암술은 세 갈래로 갈라진다. 튀는 열매의 지름은 7밀리미터 정도다.

암꽃

수꽃

어린잎은
선홍색이다.

수꽃은
지름 8~10밀리미터 정도고,
수술은 70~100개 정도다.

암꽃차례

암꽃의 암술은
세 갈래로
갈라진다.

잎은 길이 10~20센티미터,
폭 6~15센티미터 정도다.

잎은 얕게
세 갈래로
갈라진다.

잎은 어긋나게 달리고
넓은 달걀꼴이다.

겨울눈에
별 모양
털이 많다.

어린 가지에
별 모양
털이 촘촘하다.

약 2~4미터
높이로 자라는
갈잎작은키나무다.

암수한그루이며
술모양꽃차례의 길이는
6~10센티미터 정도다.

수꽃

암꽃

잎 가에 톱니가 없으며,
잎 밑에 샘물질이
있다.

샘물질

잎 양면에는
털이 없다.

사람주나무

[쇠동백나무 · 신방나무 · 아구사리]

Neoshirakia japonica
—

어린 가지에는 털이 없고, 가지나 잎을 자르면 젖물(乳液)이 나온다. 잎가에 톱니가
없으며, 잎 밑에 샘물질이 있다. 암수한그루이며 술모양꽃차례의 길이는 6~10
센티미터 정도다. 수꽃은 꽃차례의 윗부분에 달리고, 암꽃은 밑 부분에 몇 개씩
달린다. 튀는 열매의 지름은 7~18밀리미터 정도고 10월에 갈색으로 익는다.

튀는 열매의 지름은
7~18밀리미터 정도다.

열매는 10월에
갈색으로 익는다.

씨앗의 지름은
6~9밀리미터 정도다.

암꽃의 길이는
약 7밀리미터이고,
암술머리는
세 갈래로
갈라진다.

수꽃은 길이
2~3밀리미터 정도고
2~3개의 수술이 있다.

꽃받침

수술대

꽃밥

수꽃은 꽃차례의
윗부분에 달리고,
암꽃은 밑 부분에
몇 개씩 달린다.

수꽃

암꽃

젖물

잎이나 가지를 자르면
유백색 젖물이 나온다.

잎은 길이 7~15센티미터,
폭 5~10센티미터 정도다.

잎은 어긋나게 달리고,
달걀꼴~길둥근꼴이다.

11월, 단풍

어린 가지에는
털이 없다.

약 5~6미터
높이로 자라는
갈잎작은키나무다.

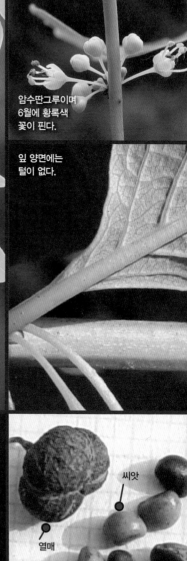

암수딴그루이며
6월에 황록색
꽃이 핀다.

잎 양면에는
털이 없다.

광대싸리

[고리비아리 · 공정싸리 · 구럭싸리]

Securinega suffruticosa

—

어린 가지는 아래로 처지며 털이 없고 사각이 진다. 암수딴그루이며 6월에 황록
색 꽃이 핀다. 수꽃의 지름은 2~3밀리미터 정도고, 꽃자루 길이 2~3밀리미터
정도다. 열매는 세 갈래로 갈라져 6개의 씨앗이 나오며 씨앗의 길이는 2~3밀리
미터 정도다.

튀는 열매는
납작한 공 모양이다.

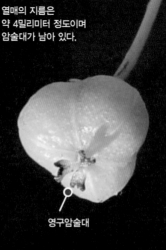

열매의 지름은
약 4밀리미터 정도이며
암술대가 남아 있다.

영구암술대

씨앗

열매

씨앗의 길이는
약 2~3밀리미터다.

열매 껍질

수꽃의 지름은
2~3밀리미터 정도다.

암꽃은 꽃자루가
약 5~10밀리미터
정도다.

암술머리

꽃받침

3갈래로 갈라진
암술의 암술머리는
다시 두 갈래씩으로
갈라진다.

턱잎의 길이는
1밀리미터 정도고
바늘꼴이다.

턱잎

잎은 길이 2~6센티미터,
폭 12~25밀리미터 정도다.

잎은 어긋나게 달리고
길둥근꼴이다.

튀는 열매는
3실이다.

어린 가지는
아래로 처지며
털이 없고
사각이 진다.

영구꽃받침

약 1~3미터
높이로 자라는
갈잎떨기나무다.

탱자나무

Poncirus trifoliata

—

줄기에 길이 2~5센티미터 정도의 길고 딱딱한 가시가 있다. 잎은 3출겹잎이고, 잎줄기에 좁은 날개가 있다. 귤꼴열매柑果의 지름은 약 3센티미터이고 향기가 좋다. 씨앗은 달걀꼴이며 길이는 10~13밀리미터 정도다.

꽃은 가지 끝이나 잎겨드랑이에 1~2개씩 달린다.

잎 양면에는 털이 없다.

귤꼴열매의 지름은 약 3센티미터이고 향기가 좋다.

열매는 9~10월에 노란색으로 익는다.

씨앗은 달걀꼴이고 길이는 10~13밀리미터 정도다.

꽃의 지름은
약 3~5센티미터다.

수술은 20개 정도이며,
서로 떨어져離生 있다.

씨방

씨방에 털이 많다.

잎줄기에
좁은 날개가
있다.

작은 잎의 길이는
3~6센티미터 정도다.

날개

잎은 어긋나게 달리며,
3출겹잎이다.

줄기에
길이 2~5센티미터 정도의
길고 딱딱한
가시가 있다.

10월, 단풍

약 1~3미터
높이로 자라는
갈잎떨기나무다.

꽃은 잎겨드랑이에 달리며
6월에 흰색으로 핀다.

유자나무
Citrus junos
—
가지에 길고 뾰족한 가시가 있다. 잎자루에 길이 2~3센티미터, 폭 1~2센티미터
정도의 넓은 날개가 있다. 귤꼴열매의 지름은 4~8센티미터 정도고 열매 속에는
씨앗이 많다. 열매는 약간 납작한 공 모양이며, 열매 껍질은 울퉁불퉁하고 향기
가 있다. 열매 껍질은 열매살果肉과 잘 떨어지지 않는다.

잎 양면에는
털이 없다.

열매 속에는
씨앗이 많다.

열매는 약간 납작한
공 모양이며, 열매 껍질은
울퉁불퉁하고 향기가 있다.

귤꼴열매의 지름은
4~8센티미터 정도다.

꽃잎의 길이는
10~13밀리미터 정도다.

수술대는 20~25개가
완전히 붙어서
수술통雄蕊筒을 이룬다.

암술머리

수술대

씨방

꽃쟁반花盤

날개

가시

잎의 길이는 6~12센티미터 정도다.
잎자루에 길이 2~3센티미터,
폭 1~2센티미터 정도의
넓은 날개가 있다.

날개

잎은 어긋나게 달리고
긴 달걀꼴이다.

잎의 크기 비교

유자

광귤

줄기에 길고 뾰족한
가시가 있다.

약 4미터 높이로
자라는 늘푸른작은키나무다.

유자나무

꽃은
잎겨드랑이에 달리며
봄에 흰색으로 핀다.

귤나무

[귤나무 · 밀감나무]

Citrus reticulata

—

줄기에 가시가 없다. 잎은 바소꼴~넓은 길둥근꼴이며 잎자루 날개의 폭이 좁다.
열매는 납작한 공 모양이고 지름은 3~5센티미터 정도이며 보통은 열매 속에
씨앗이 없다.

잎 양면에는
털이 없다.

귤꽃열매의 지름은
3~5센티미터 정도다.

열매는 납작한 공 모양이며,
보통은 열매 속에 씨앗이 없다.

암술과 수술

꽃잎의 길이는
2센티미터 정도이며
진한 향기가 있다.

수술통

수술은 20개 정도가
완전히 붙어서
수술통을 이룬다.

수술통

수술통(웅예통雄蘂筒): 수술대가
합쳐져서 하나의 통처럼 된 것.

잎자루에
날개

잎자루 날개의
폭이 좁다.

잎의 길이는
5~7센티미터
정도다.

잎은 어긋나게 달리고
바소꼴~넓은 길둥근꼴이다.

줄기는 녹색이며
가시가 없다.

잎은 어긋나게 달린다.

약 4~5미터 높이로
자라는 늘푸른작은키나무다.

귤

꽃은 잎겨드랑이에 달리며
1~6개가 모여
작은모임꽃차례聚散花序를 이룬다.

당귤나무

[오렌지 감귤나무]

Citrus sinensis

—

귤*reticulata*과 비슷하지만 잎이 길둥근꼴이다. 열매는 납작하지 않은 공 모양~달
걀꼴이며, 열매 속 중심부가 비어있지 않고 충실하다. 가지에 짧은 가시가 약간
있거나 없다.

샘점

잎에는
샘점이
있다.

귤꼴열매의 지름은
3~4센티미터 정도다.

열매 껍질은 얇고
열매살이 잘 떨어진다.

4센티미터

열매는 납작하지 않으며,
공 모양~달걀꼴이다.

오목하게
들어가지 않는다.

꽃잎은 뒤로 젖혀지고
수술은 20개 정도다.

수술은 서로
완전히 붙어서
수술통을 이룬다.

암술

씨방

꽃쟁반

날개

잎의 길이는
7~15센티미터
정도다.

잎은
어긋나게 달리고
길둥근꼴이다.

잎자루에
좁은 날개가
있다.

가지에 짧은 가시가
약간 있거나 없다.

가시

작은모임꽃차례

약 4~5미터
높이로 자라는
늘푸른작은키나무다.

꽃은 잎겨드랑이에 달리며
하나 또는 몇 개가 모여 핀다.

광귤

Citrus x aurantium

—

귤*C. reticulata*과 달리 가지에 가시가 드물게 있다. 잎은 달걀 같은 긴 길둥근꼴이
며 길이 5~12센티미터, 폭 30~55밀리미터 정도로 큰 편이다. 열매의 지름은
7~8센티미터 정도로 크다. 열매는 납작한 공 모양이며, 열매 끝이 편평하거나
약간 오목하다. 열매 껍질은 잘 떨어지지 않으며 열매살은 10~12개의 방室으로
구분된다. 열매 중심부는 비어있고 씨앗이 들어있다.

잎에는
샘점이
있다.

열매는 납작한 공 모양이며,
열매 끝이 편평하거나
약간 오목하다.

귤꼴열매의 지름은
7~8센티미터 정도다.

꽃은 봄에
흰색으로 핀다.

약간 오목하다.

수술은 20~24개 정도이며,
서로 완전히 붙어서
수술통을 이룬다.

꽃잎은 줄꽃의
다육질이다.

수술대

씨방

꽃쟁반

잎자루에
넓은 날개가
있다.

잎은 길이 5~12센티미터,
폭 30~55밀리미터 정도다.

잎은 어긋나게 달리고
달걀 같은 긴 길둥근꼴이다.

수술통

가지에
짧은 가시가
있다.

가시

약 7~8미터
높이로 자라는
늘푸른작은키나무다.

꽃은 잎겨드랑이에 달리며,
연한 자주색으로 핀다.

잎에는
샘점이 있다.

레몬
Citrus limon

줄기에 가시가 있거나 혹은 없고, 잎자루에 좁은 날개가 있다. 꽃은 연한 자주색으로 피고 수술은 20~40개 정도이며 서로 떨어져 있다. 열매의 길이는 8~10센티미터 정도의 길둥근꼴이며, 열매 끝이 젖꼭지 모양乳頭狀으로 볼록하다. 열매는 향기가 강하고 과일즙果汁은 신맛이 난다.

열매는 길둥근꼴이며,
끝이 젖꼭지 모양으로
볼록하다.

볼록하다.

귤꼴열매의 길이는
8~10센티미터 정도다.

씨앗은 달걀꼴이며
양 끝이 뾰족하다.

꽃잎의 길이는
2센티미터 정도다.

수술은 20~40개 정도이며
서로 떨어져 있다.

암술대 아래쪽이
붉은색이다.

잎은 길이 6~10센티미터,
폭 45밀리미터 정도다.

잎자루에
좁은 날개가 있다.

잎은 어긋나게 달리고
길둥근꼴이다.

꽃받침

가지는 녹색이며
짧은 가시가
있거나 없다.

약 3~6미터
높이로 자라는
늘푸른작은키나무다.

꽃은 잎겨드랑이에 달리며
1~2개가 모여 핀다.

샘점

잎 뒷면에
샘점이 있다.

둥근금감
Fortunella japonica
—

금감*F. japonica var. margarita*에 비해 높이가 3미터 이하로 작게 자란다. 열매는 공
모양이고, 열매 지름이 1~2센티미터 정도로 금감보다 더 작다. 씨앗은 달걀꼴이
며 길이는 7~10밀리미터 정도다.

귤꼴열매의
지름은
1~2센티미터
정도다.

약 15밀리미터

열매는
공 모양이다.

열매 껍질도
맛이 좋아
식용한다.

꽃잎의 길이는
5밀리미터 정도다.

20개의 수술은
완전히 붙어서
수술통을 이룬다.

암술대

씨방

꽃쟁반

잎자루에
좁은 날개가
있다.

잎은 어긋나게 달리고
바소꼴이며 양 끝이 좁다.

잎은 길이 4~6센티미터,
폭 2~3센티미터 정도다.

씨앗은 달걀꼴이며
길이는 7~10밀리미터 정도다.

가지에는
가시가 없다.

약 3미터 이하로
자라는 늘푸른작은키나무다.

꽃은 잎겨드랑이에 달리며
1~2개가 모여 핀다.

잎 양면에는
털이 없다.

장실금감

[금귤 · 낑깡]

Fortunella japonica var. margarita

—

열매는 거꿀달걀꼴 또는 긴 길둥근꼴이며, 길이는 20~30밀리미터 정도로 작다.
씨앗의 길이는 10~12밀리미터다. 줄기에 가시가 없고 잎자루에 좁은 날개가 있
다.

열매는 거꿀달걀꼴~
긴 길둥근꼴이다.

귤꼴열매의 길이는
2~3센티미터 정도다.

약 25밀리미터

씨앗의 길이는
10~12밀리미터 정도다.

씨방은 4~5실이다.

꽃은 향기가
강하다.

20개의 수술은
완전히 붙어서
수술통을 이룬다.

잎의 길이는
5~8센티미터
정도다.

잎자루에
좁은 날개가 있다.

잎은 어긋나게 달리고
바소꼴이며 양 끝이 좁다.

가지에
가시가 없다.

꽃받침

약 3~4미터
높이로 자라는
늘푸른작은키나무다.

암수딴그루이며
술모양꽃차례의 길이는
2~5센티미터 정도다.

잎 표면에 털이 없고

뒷면에 털이 있다.

상산
[송장나무]

Orixa japonica
—

잎에서 독특한 냄새가 강하게 나기 때문에 송장나무라고도 한다. 암수딴그루이
며 술모양꽃차례의 길이는 2~5센티미터 정도다. 꽃은 4수성이며 지름이 7~10
밀리미터 정도다. 열매의 길이는 8~10밀리미터 정도고 튀는 열매는 3~4갈래로
갈라지며, 10월에 황갈색으로 익는다.

튀는 열매는 3~4갈래로 갈라지며,
10월에 황갈색으로 익는다.

안쪽열매껍질
内果皮

씨앗

겉껍질
外果皮

겉껍질

안쪽열매껍질

안쪽열매껍질 속에
들어 있는 씨앗의 길이는
4~5밀리미터 정도다.

꽃의 지름은
7~10밀리미터
정도다.

암꽃차례

암술머리

수술

씨방

암꽃의 수술은 퇴화한다.
꽃받침조각, 꽃잎, 수술 등이
4개씩이다.

잎은 길이 5~13센티미터,
폭 3~7센티미터 정도다.

잎은 어긋나게 달리고
독특한 냄새가 강하게 난다.

잎자루의
위쪽에
털이 있다.

암술머리, 수술,
씨방, 꽃받침조각은
각 4개씩이다.

어린 가지에는
털이 있다.

약 2~4미터
높이로 자라는
갈잎떨기나무다.

원뿔꽃차례의 길이는
5~7센티미터 정도이며
암수딴그루이다.

황벽나무

[황경피나무 · 황경나무]

Phellodendron amurense

—

나무껍질은 두꺼운 코르크질이 발달하며, 속껍질(내피)은 노란색이다. 깃꼴겹잎
의 길이는 20~40센티미터 정도이며, 작은 잎은 5~13개 정도다. 원뿔꽃차례의
길이는 5~7센티미터 정도이며 암수딴그루이다. 꽃의 길이는 약 6밀리미터이고
꽃잎과 꽃받침 조각은 각 5개씩이다.

잎 뒷면 중심맥
아래쪽에
털이 약간 있다.

굵은씨열매의 지름은
10밀리미터 정도다.

열매는 11월에
검은색으로 익는다.

암꽃

꽃대에
털이 있다.

꽃의 길이는
약 6밀리미터다.

꽃잎

암술대에
털

꽃받침조각

꽃받침조각萼片

퇴화된
수술

가장자리털

잎줄기에
털이 없고, 잎가에
가장자리털緣毛이 있다.

작은 잎의 길이는
5~10센티미터 정도다.

작은 잎이 5~13개
정도인 깃꼴겹잎이다.

어린 가지에는
털이 없다.

노란색
속껍질

나무껍질은 두꺼운
코르크질이 발달하고,
속껍질은 노란색이다.

약 10~20미터
높이로 자라는
갈잎큰키나무다.

원뿔꽃차례의 길이는
5~7센티미터 정도다.

잎 표면에는 털이 있고

뒷면에 융털이 많다.

털황벽

[털황경피나무 · 우단황벽나무]

Phellodendron amurense f. molle

—

황벽나무*P. amurense*에 비해 잎 표면에 털이 있고 뒷면에 융털이 촘촘하다. 잎은
바소 모양의 달걀꼴로 좁은 편이다. 잎줄기에도 털이 많다.

굵은씨열매의 지름은
약 10밀리미터다.

열매는 11월에
검은색으로 익는다.

열매에 5개의 씨앗은
안쪽열매껍질에
싸여 있다.

씨앗

안쪽열대껍질

꽃의 길이는
약 6밀리미터다.

꽃덮이는
5~8개다.

수꽃

잎줄기에 털이 많고,
잎가에 가장자리털이 많다.

잎은 바소 모양의
달걀꼴로 좁은 편이며,
작은 잎의 길이는
5~10센티미터 정도다.

작은 잎이 5~13개인
깃꼴겹잎이다.

잎 뒷면 중심맥에
털이 촘촘하다.

어린 가지에는
털이 없다.

약 10~20미터
높이로 자라는
갈잎큰키나무다.

화태황벽나무

[넓은잎황벽나무 · 섬황벽]

Phellodendron amurense var. sachalinense

―

황벽나무P. amurense에 비해 잎의 폭이 넓고, 나무껍질의 코르크 층이 얇다. 잎가에 가장자리털이 적다. 꽃차례에 털이 거의 없다.

원뿔꽃차례의 길이는 5~7센티미터 정도이며, 암수딴그루이다.

잎 표면에 짧은 털이 약간 있고

뒷면에 융털이 촘촘하다.

굳은씨열매의 지름은 10밀리미터 정도다.

굳은씨열매는 11월에 검은색으로 익는다.

씨앗

안쪽열매껍질

씨앗은 안쪽열매껍질에 싸여 있다.

꽃잎과 꽃받침조각은
각 5개씩이며,
암꽃의 수술은
퇴화한다.

암술대에는
털이 없다.

퇴화된
수술

꽃의 길이는 약 6밀리미터다.
수꽃의 암술은 퇴화한다.

잎줄기에
털이 있다.

잎가에
가장자리털이 적다.

작은 잎의 길이는
약 5~10센티미터이고
폭이 넓다.

작은 잎이
7~15개인
깃꼴겹잎이다.

암꽃

꽃차례에 털이
거의 없다.

어린 가지에
털이 없고
껍질눈이 있다.

코르크
층은
없다.

약 10~20미터 높이로 자라며
나무껍질의 코르크 층은 얇다.

원뿔꽃차례의 길이는
4~6센티미터 정도다.

잎 표면 중심맥에
가시가 있다.

가시

개산초

[겨울사리좀피나무 · 사철초피나무]

Zanthoxylum armatum

—

산초나무z. schinifolium에 비해 늘푸른잎常綠性이다. 가시는 마주 달리며, 길이는
10~15밀리미터 정도로 긴 편이다. 작은 잎은 보통 3~7개로 숫자가 적은 편이고
잎줄기에 날개가 있다.

샘점

씨앗

열매껍질

튀는 열매의 지름은
3~5밀리미터 정도다.

튀는 열매는 10~11월에
붉은색으로 익는다.

꽃은 5월에 연한 녹색으로 핀다.

꽃덮이는 붉은색이다.

씨방

꽃덮이

씨방은 2(~3)실이며 꽃대에 털이 있다.

가시

잎줄기에 날개

잎줄기와 잎 양면에 잔가시가 있다.

작은 잎은 길이 3~12센티미터, 폭 10~25밀리미터 정도다.

작은 잎이 3~7개인 깃꼴겹잎이다.

샘점

잎 가장자리 톱니 아래쪽에 샘점이 있다.

가시는 마주 달리며, 길이가 10~15밀리미터 정도로 긴 편이다.

약 1~4미터 높이로 자라는 늘푸른떨기나무다.

암수딴그루이며
편평꽃차례의 길이는
5~10센티미터 정도다.

잎 표면에
샘점이 있다.

산초나무

[분지나무·산추나무]

Zanthoxylum schinifolium

—

초피나무에 비해 가시는 어긋나게 달리고 길이가 3~5밀리미터 정도로 짧은 편
이다. 편평꽃차례의 길이는 5~10센티미터 정도로 큰 편이며 꽃에는 꽃잎이 있
다.

튀는 열매의 지름은
약 4밀리미터다.

열매는 10월에
붉은색으로 익는다.

씨앗

열매껍질

열매껍질 속
씨앗의 길이는
3~4밀리미터 정도다.

수꽃의 수술은 5개이고
암술은 퇴화한다.

꽃잎

씨방

꽃잎

암술

암꽃의 씨방은
3~5실이다.

암술

꽃잎

꽃받침

가시

잎줄기에
좁은 날개가 있고
짧은 가시가 있다.

작은 잎의 길이는
5~15밀리미터 정도다.

작은 잎이 7~19개인
깃꼴겹잎이다.

암꽃

가시는 어긋나게 달리고
길이가 약 3~5밀리미터다.

약 1~3미터
높이로 자라는
갈잎떨기나무다.

암수딴그루이며
원뿔꽃차례의 길이는
2~5센티미터 정도다.

잎 양면에
털이 없다.

초피나무

[좀피나무]

Zanthoxylum piperitum

—

가지에는 길이 1센티미터 정도의 마주 달리는 가시가 있다. 잎은 깃꼴겹잎이며
작은 잎은 9~19개 정도다. 잎 가장자리 톱니 아래쪽에 샘점이 있다. 암수딴그루
이며 원뿔꽃차례의 길이는 2~5센티미터 정도다. 씨방은 2~3개이며 서로 떨어
져 있다.

튀는 열매의 지름은
5밀리미터 정도고
10월에 붉은색으로 익는다.

씨앗의 길이는
3~4밀리미터 정도다.

열매 껍질

씨앗

수꽃에는 5개의
수술이 있다.

수술

꽃덮이

암꽃에는 2～3개의 암술과
5개의 꽃덮이조각이 있다.

암술

꽃덮이

씨방은 2～3개가
서로 떨어져 있고,
아래쪽에 대가 있다.

씨방

대

잎줄기에
좁은 날개가 있고
흔히 짧은 가시가 있다.

작은 잎의 길이는
10～35밀리미터 정도다.

작은 잎이 9～19개인
깃꼴겹잎이다.

샘점

잎 가장자리
톱니 아래쪽에
샘점이 있다.

가지에는 길이 1센티미터 정도의
마주 달리는 가시가 있다.

약 1～3미터 높이로
자라는 갈잎떨기나무다.

원뿔꽃차례의 길이는
4~8센티미터 정도다.

잎 뒷면
중심맥에 짧고
꼬부라진
가시가 있다.

중심맥

곁맥

왕초피나무

[왕산초나무 · 왕좀피나무]

Zanthoxylum simulans
—

초피나무. *piperitum*에 비해 작은 잎은 길이 3~5센티미터로 대형이며, 7~13개로 숫자가 적다. 잎 뒷면 중심맥에 짧고 꼬부라진 가시가 있다. 잎줄기에도 좁은 날개가 있고 짧은 가시가 있다. 씨방은 3~5개이며 서로 떨어져 있다.

튀는 열매의 지름은
약 5밀리미터이고
10월에 붉은색으로
익는다.

열매껍질에
샘점

열매껍질

씨앗

꽃받침조각은 5~8개이며
길이가 약 1~2밀리미터다.

꽃은 5월에
연한 초록색으로
핀다.

씨방

암술대

꽃받침조각

씨방은 3~5개이며
서로 떨어져 있다.

가시

가시

작은 잎이 7~13개인
깃꼴겹잎이다.

잎줄기에
좁은 날개가 있고
짧은 가시가 있다.

작은 잎은
길이 3~5센티미터,
폭 1~3센티미터 정도다.

잎 표면에
샘점이 있다.

가지에 마주 달리는
가시가 있다.

약 2~4미터
높이로 자라는
갈잎떨기나무다.

원뿔꽃차례의 길이는
약 7∼15센티미터다.

쉬나무

[수유나무 · 소동백나무]

Tetradium daniellii
—

깃꼴겹잎의 길이는 약 15∼30센티미터이며, 작은 잎은 7∼11개 정도다. 잎 표면에 털이 없고, 뒷면 중심맥 가에 털이 있다. 원뿔꽃차례의 길이는 약 7∼15센티미터이고 씨앗의 길이는 2∼4밀리미터 정도로 개미 모양이며, 광택이 있는 검은색이다.

잎 표면에 털이 없고,
뒷면 중심맥 가에 털이 있다.

열매는
9월에 익는다.

튀는 열매의 길이는
약 8∼10밀리미터다.

씨앗의 길이는
2∼4밀리미터 정도이며,
광택이 있는 검은색이다.

꽃의 길이는
4~5밀리미터 정도이며,
꽃잎은 안으로
오므라든다.

꽃잎은
4~5개이다.

꽃잎

암술머리와
수술대에
털이 있다.

암술머리

씨방

수술대

잎줄기에
털이 없다.

작은 잎의 길이는
5~12센티미터 정도다.

작은 잎이 7~11개인 깃꼴겹잎은
길이가 15~30센티미터 정도다.

암술대는
5개다.

어린 가지에
잔털이 있으나
점차 없어진다.

약 7미터 높이로 자라는
갈잎작은키나무다.

암꽃차례

작은모임꽃차례의 길이는
5~10센티미터 정도다.

소태나무

[쇠태]

Picrasma quassioides

—

작은 잎이 9~15개인 깃꼴겹잎이다. 작은 잎은 달걀 같은 길둥근꼴이며 길이 4~10센티미터, 폭 2~3센티미터 정도다. 암수딴그루이며 꽃의 지름은 4~7밀리미터 정도다. 굳은씨열매의 지름은 약 6밀리미터이고 나무껍질, 잎, 가지, 열매에서 쓴맛이 난다.

잎 표면에는 털이 없고,
뒷면 맥 위에 털이 있거나 없다.

굳은씨열매의 지름은
약 6밀리미터다.

씨앗

열매는 7월에
검은색으로 익는다.

수꽃

씨방

수술

암꽃에는
수술이
퇴화한다.

수꽃의 암술은
퇴화한다.

수꽃차례

4월, 새잎

작은 잎은
길이 4~10센티미터,
폭 2~3센티미터 정도다.

잎은 어긋나게 달리며,
작은 잎이 9~15개인
깃꼴겹잎이다.

턱잎

깃꼴겹잎

어린 가지에는
가는 털이 있다.

약 10~15미터
높이로 자라는
갈잎큰키나무다.

원뿔꽃차례의 길이는
10~30센티미터 정도이며
암수딴그루이다.

가죽나무

[가중나무 · 개죽나무]

Ailanthus altissima

—

작은 잎이 13~27개인 깃꼴겹잎이고 작은 잎 아래쪽에 약간의 톱니와 샘물질이
있다. 원뿔꽃차례의 길이는 10~30센티미터 정도이며 암수딴그루이다. 날개열매
翅果의 길이는 약 3~4센티미터이고 비틀린다.

잎 양면에는
털이 없다.

날개열매의 길이는
3~4센티미터 정도고
비틀린다.

열매는 10월에 익으며
봄까지 달려있다.

씨앗

비틀린
날개

열매는 봄까지
달려 있다.

수꽃의 수술은 10개이고
암술은 퇴화한다.

암꽃

꽃의 지름은
7~8밀리미터 정도다.

심피

암꽃은
5심피心皮로 된
씨방이 있다.

샘물질

작은 잎 아래쪽에
약간의 톱니와 샘물질이 있다.

작은 잎은 길이 7~13센티미터,
폭 5센티미터 정도다.

잎은 어긋나게 달리고
작은 잎이 13~27개인
깃꼴겹잎이다.

꽃잎은 안으로
오므린다.

어린 가지에는
털이 있다.

약 20~25미터
높이로 자라는
갈잎큰키나무다.

원뿔꽃차례의 길이는
10~30센티미터 정도이며
암수딴그루이다.

잎 양면에는
털이 없다.

붉은가죽나무

Ailanthus altissima f. *erythrocarpa*

—

가죽나무*A. altissima*와 달리 날개열매는 붉은색이다.

날개열매의 길이는
3~4센티미터 정도고
비틀린다.

열매는
붉은색이다.

씨앗   날개

7월 열매의 색깔 비교
가죽나무: 연초록
붉은가죽: 붉은색

가죽나무

붉은
가죽나무

꽃은 5월에
연한 녹색으로
피며 지름이
약 7~8밀리미터다.

암꽃

암술

암술은 5개,
수술은 10개다.

꽃잎은
안쪽으로
오므라진다.

샘물질

작은 잎 아래쪽에
약간의 톱니와
샘물질이 있다.

작은 잎은
길이 7~13센티미터,
폭 5센티미터 정도다.

잎은 어긋나게 달리고
작은 잎이 11~27개인
깃꼴겹잎이다.

붉은
가죽나무

가죽나무

잎 뒷면 색깔 비교
가죽나무: 초록색
붉은가죽: 회록색

어린 가지에
털은 거의 없다.

약 20~25미터
높이로 자라는
갈잎큰키나무다.

붉은가죽나무

원뿔꽃차례의 길이는
약 40센티미터다.

참죽나무

[참중나무 · 쭉나무]

Toona sinensis

—

작은 잎이 10~22개인 깃꼴겹잎이고 작은 잎의 길이는 8~15센티미터 정도다.
원뿔꽃차례의 길이는 약 40센티미터이며 꽃에는 5개의 수술과 5개의 헛수술이
있다. 튀는 열매는 5갈래로 갈라지고, 9월에 갈색으로 익는다. 씨앗의 길이는 약
5밀리미터이며, 15밀리미터 정도의 날개가 있다.

잎 양면 맥 위에
털이 있거나 없다.

튀는 열매는
5갈래로 갈라진다.

열매의 길이는
약 2~3센티미터다.

씨앗

씨앗

날개

씨앗의 길이는
약 5밀리미터이며,
15밀리미터 정도의 날개가 있다.

꽃은 향기가
진하다.

꽃잎은 5개이며
길이 3~6밀리미터
정도다.

5개의 수술과
5개의 헛수술假雄蘂이 있으며,
꽃쟁반은 주황색이다.

암술

꽃밥

수술

헛수술

꽃쟁반

잎가에 톱니가
있거나 없다.

작은 잎의 길이는
약 8~15센티미터다.

잎은 어긋나게 달리고
작은 잎이 10~22개인
깃꼴겹잎이다.

열매는 9월에
갈색으로 익는다.

어린 가지에는
털이 있으나
점차 없어진다.

약 20미터
높이로 자라는
갈잎큰키나무다.

참죽나무

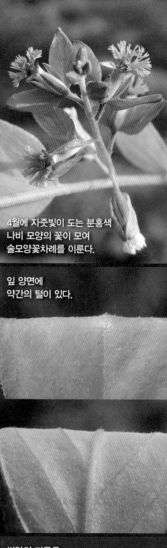

4월에 자줏빛이 도는 분홍색
나비 모양의 꽃이 모여
술모양꽃차례를 이룬다.

잎 양면에
약간의 털이 있다.

애기풀

[영신초 · 아기풀]

Polygala japonica
—

약 20센티미터 높이로 자란다. 4월에 자줏빛이 도는 분홍색 나비 모양의 꽃이 모여 술모양꽃차례를 이룬다. 꽃잎은 5개이며, 꽃잎 중 2개는 큰 날개 모양이고, 2개는 작은 귀 모양이다. 아래쪽 꽃잎 끝부분이 털처럼 여러 갈래로 갈라진다.

튀는 열매는 날개 포함
열매의 지름은
약 6밀리미터이고,
납작한 염통꼴이다.

9월, 튀는 열매는
두 조각으로 갈라진다.

씨앗

씨앗의 지름은
약 3밀리미터이고
털이 있다.

꽃잎 2개는
큰 날개 모양이다.

꽃잎 2개는
작은 귀 모양이다.

날개 모양의
꽃잎

아래쪽 꽃잎
끝부분이 털처럼
여러 갈래로 갈라진다.

술모양꽃차례는
잎겨드랑이에
달린다.

잎자루가 짧다.

잎은 길이 1~2센티미터,
폭 5~9밀리미터 정도다.

잎은 어긋나게 달리며,
길둥근꼴~달걀꼴이다.

아래쪽
꽃받침조각

위쪽
꽃받침조각

약 20센티미터
높이로 자라는
여러해살이풀 같은
버금떨기나무다.

원뿔꽃차례의 길이는
15~20센티미터 정도다.

잎 표면에는 털이 없고

뒷면에 털이 많다.

안개나무

[스모크트리 · 개옻나무]

Cotinus coggygria

—

잎은 길이 3~8센티미터, 폭 3~6센티미터 정도다. 잎 뒷면에 털이 촘촘하고
원뿔꽃차례의 길이는 15~20센티미터 정도다. 꽃의 지름은 약 3밀리미터이며
5~6월 노란색으로 핀다. 열매자루에 붉은색 털이 촘촘하다.

열매 자루에
붉은색
털이 많다.

열매

열매 자루

콩팥 모양의 열매는
길이가 약 4~5밀리미터다.

굳은씨열매는
7월에 흑갈색으로 익는다.

꽃자루에
털

꽃은 5~6월에
노란색으로 핀다.

꽃의 지름은
3밀리미터 정도다.

암술머리는
3갈래로
갈라진다.

새잎은
붉은 빛을 띤다.

잎은 길이 3~8센티미터,
폭 3~6센티미터 정도다.

잎은 어긋나게 달리고
둥근꼴~거꿀달걀꼴이다.

열매

어린 가지에는
털이 있다.

약 3~5미터
높이로 자라는
갈잎작은키나무다.

원뿔꽃차례의 길이는
20~40센티미터 정도다.

잎 양면에는
털이 있다.

붉나무

[오배자五倍子나무]

Rhus chinensis

—

작은 잎이 7~13개인 깃꼴겹잎이다. 잎줄기에 날개가 있고 열매가 익을 때 흰색
분비물이 굳은씨열매를 덮으며 분비물은 신맛·짠맛이 난다. 오배자진디의 벌레
혹蟲瘿을 오배자라 한다.

열매는 납작한 공 모양의
굳은씨열매이고
지름이 약 4밀리미터다.

흰색 분비물이 열매를 덮으며,
분비물은 신맛·짠맛이 난다.

씨앗은 납작한
공 모양이다.

수꽃

암꽃

수술은 5개,
암술은 1개다.

암술머리

암술머리는
3갈래로
갈라진다.

잎줄기에
날개가 있다.

작은 잎은
길이 8~12센티미터,
폭 3~6센티미터 정도다.

날개

잎은 어긋나게 달리고
작은 잎이 7~13개인
깃꼴겹잎이다.

오배자진디의 벌레혹을
오배자라 한다.

어린 가지에는
짧은 갈색
털이 있다.

약 5~7미터
높이로 자라는
갈잎작은키나무다.

원뿔꽃차례의 길이는
약 15~30센티미터다.

잎 양면에는 털이 있다.

개옻나무

[개옻나무 · 털옻나무]

Toxicodendron trichocarpum

—

옻나무R. verniciflua에 비해 작은 잎이 13~17개인 깃꼴겹잎이다. 열매는 굳은씨열매이고 지름이 약 5~6밀리미터로 납작한 공 모양이며, 가시 같은 털이 촘촘하다.

씨앗의 지름은
약 4~5밀리미터다.

굳은씨열매의 지름은
약 5~6밀리미터로
납작한 공 모양이다.

열매에 가시 같은 털이 촘촘하다.

암꽃

꽃의 지름은
약 3~5밀리미터다.

수꽃의 암술은
퇴화한다.

수술은 5개,
암술은 1개다.

잎줄기에
털이 많다.

작은 잎은 길이 4~10센티미터,
폭 3~5센티미터 정도다.

잎은 어긋나게 달리며,
작은 잎이 13~17개인
깃꼴겹잎이다.

잎가에 가끔 2~3개의
얕은 톱니가 있다.

톱니

어린 가지에는
털이 있다.

약 3~7미터
높이로 자라는
갈잎떨기나무~작은키나무다.

원뿔꽃차례의 길이는
약 3~5센티미터다.

잎 표면에 털이 없으며,
뒷면 맥 주변에 털이 있다.

덩굴옻나무

Toxicodendron orientale

—

옻나무R. verniciflua에 비해 줄기의 길이가 3~10미터 정도 자란다. 줄기에서 공기
뿌리가 발생하여 타 물체를 타고 올라간다. 잎은 3출겹잎이다.

열매는 9월에
연한 황갈색으로
익는다.

굳은씨열매의 지름은
약 5~6밀리미터로
공 모양이며 털이 없다.

10월,
열매

5월에
연한 녹색
꽃이 핀다.

수술은 5개, 암술은 1개이며,
암술머리는 3갈래로 갈라진다.

꽃의 지름은
약 4~5밀리미터다.

작은 잎은 길이 5~15센티미터,
폭 3~8센티미터 정도다.

잎줄기에
털이 없다

잎은 어긋나게 달리며
3출겹잎이다.

줄기에서 공기뿌리가 발생하여
타 물체를 타고 올라간다.

어린 가지에
잔털이 있다.

줄기의 길이가
3~10미터 정도 자라는
갈잎덩굴나무다.

옻나무

[옻나무 · 참옻나무]

Toxicodendron vernicifluum
—

작은 잎이 7~11개인 깃꼴겹잎이다. 잎 표면에 털이 거의 없고 뒷면에 털이 많다. 원뿔꽃차례의 길이는 약 15~30센티미터이고 굳은씨열매의 지름은 약 6~8밀리미터로 납작한 공 모양이며 털이 없다.

원뿔꽃차례의 길이는 약 15~30센티미터다.

잎 표면에 털이 거의 없고

뒷면에 털이 많다.

열매는 9월에 연한 노란색으로 익는다.

열매는 납작한 공 모양이며 털이 없다.

씨앗

열매

굳은씨열매의 지름은 약 6~8밀리미터다.

5월, 연한 녹색 꽃이 핀다.

수술은 5개, 암술은 1개이며 암술머리는 3갈래로 갈라진다.

꽃의 지름은 약 3~4밀리미터다.

암꽃

수꽃

작은 잎은 길이 7~20센티미터, 폭 3~6센티미터 정도다.

잎줄기에 털이 있다.

잎은 어긋나게 달리며 작은 잎이 7~11개인 깃꼴겹잎이다.

칠액

줄기나 잎에 상처를 내면 유백색의 칠액漆液이 나온다.

잔털

어린 가지에 약간의 잔털이 있으나 곧 없어진다.

약 20미터 높이로 자라는 갈잎큰키나무다.

원뿔꽃차례의 길이는
약 8~15센티미터다.

잎 표면에 털이 있으며

뒷면에 부드러운 털이 많다.

산검양옻나무

[산검양옻나무]

Toxicodendron sylvestre

옻나무*R. verniciflua*에 비해 어린 가지에 황갈색 털이 많다. 작은 잎은 길이 7~12
센티미터, 폭 2~4센티미터 정도로 옻나무보다 작은 편이다. 잎 표면에 옻나무보
다 털이 많은 편이다. 옻나무의 열매가 겨울에 떨어지는데 비해 산검양옻나무 열
매는 다음 해 봄까지 달려있다.

열매는 10월에
연한 황갈색으로
익는다.

열매는
납작한 공 모양이며
털이 없다.

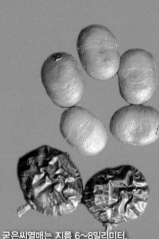

굳은씨열매는 지름 6~8밀리미터,
씨앗은 길이 6밀리미터 정도이다.

수술은 5개, 암술은 1개이며
암술머리는 3갈래로 갈라진다.

암수딴그루이다.

암꽃차례

꽃차례에 털이 많다.
꽃의 지름은 약 3밀리미터다.

잎줄기와
잎자루에
털이 있다.

작은 잎은 길이 7~12센티미터,
폭 2~4센티미터 정도다.

잎은 어긋나게 달리며,
작은 잎이 7~15개인
깃꼴겹잎이다.

칠액

줄기나 잎에 상처가 나면
유백색 칠액이 나온다.

어린 가지에는
황갈색 털이 많다.

약 3~8미터
높이로 자라는
갈잎작은키나무다.

산검양옻나무

암수딴그루이며,
술모양꽃차례의 길이는
약 6~8센티미터다.

잎 뒷면 맥 위에
털이 촘촘하다.

시닥나무

[단풍자래 · 시당나무]

Acer komarovii

—

어린 가지에는 털이 없다. 잎자루는 붉은빛이 돌며, 잎자루의 길이는 5~7센티미
터 정도로 잎보다 짧다. 잎 갈래조각 끝에 톱니가 있다. 열매는 날개를 포함해 길
이가 20~25밀리미터 정도다. 날개열매는 보통 90도 이상 둔각으로 벌어진다.

날개열매는 털이 없고,
날개를 포함해 길이가
20~25밀리미터 정도이며
둔각으로 벌어진다.

5월, 어린 열매

턱잎

5월, 새잎

한 꽃차례에
5~7(~10)개 정도의
꽃이 달린다.

꽃의 지름은
약 8~10밀리미터다.

날개

암술

꽃잎

꽃받침

씨방

잎자루의 길이는
5~7센티미터 정도로
잎보다 짧다.

잎자루

잎은 길이 6~10센티미터,
폭 6~8센티미터 정도다.

잎은 마주 달리며
3~5갈래 손바닥 모양으로
갈라진다.

톱니

잎 갈래조각 끝에
톱니가 있다.

어린 가지는
붉은색이며
털이 없다.

약 5~10미터
높이로 자라는
갈잎작은키나무다.

암수딴그루이며,
술모양꽃차례의 길이는
약 4센티미터다.

잎 뒷면에 털이 촘촘하다.

청시닥나무

[청여장 · 푸른시닥나무]

Acer barbinerve

시닥나무*A. komarovii*에 비해 어린 가지에는 털이 있다. 잎 갈래조각 끝에는 톱니
가 없다. 잎자루의 길이는 4~13센티미터 정도로 흔히 잎보다 길다. 열매는 날
개를 포함해 길이가 30~35밀리미터 정도다. 날개열매는 보통 직각~둔각으로
벌어진다.

날개열매는 날개를 포함해
길이가 30~35밀리미터 정도.

열매는
보통 직각~둔각으로
벌어진다.

열매에는
털이 없다.

수꽃의 길이는
약 15밀리미터다.

암꽃차례

암꽃은
햇가지 끝에
달린다.

꽃잎

암술대

암꽃의 암술대는
둘로 갈라진다.

잎자루가
길다.

잎은 길이 6~10센티미터,
폭 6~8센티미터 정도다.

잎자루의 길이는
약 4~13센티미터로
흔히 잎보다 길다.

잎은 마주 달리며,
손바닥 모양으로
5갈래로 갈라진다.

어린 가지에는
털이 있다.

잎 갈래조각 끝에는
톱니가 없다.

약 7~10미터
높이로 자라는
갈잎작은키나무다.

겹편평꽃차례의 길이는
6∼7센티미터 정도다.

잎 뒷면에 약간의
털이 있다.

신나무

[곽지신나무 · 광리신나무]

Acer tataricum subsp. ginnala

—

겹편평꽃차례의 길이는 약 6∼7센티미터다. 꽃받침조각과 꽃잎은 각 5개씩이
고 수술은 8개, 암술은 두 갈래로 갈라진다. 날개열매는 날개를 포함해 길이가
25∼30밀리미터 정도다. 열매의 날개는 서로 거의 합쳐지거나 평행하게 달린다.

날개열매에
털이 없다.

열매는 날개를 포함해
길이가 25∼30밀리미터 정도다.

날개는
서로 거의 합쳐지거나
평행하게 달린다.

꽃받침조각과 꽃잎은
각 5개씩이다.

수꽃은 지름 4~5밀리미터 정도고,
수술은 8개이다.

암술은
두 갈래로
갈라진다.

잎자루는
잎 길이보다
짧다.

잎은 길이 6~10센티미터,
폭 4~6센티미터 정도다.

잎은 마주 달리며
흔히 세 갈래로 갈라진다.

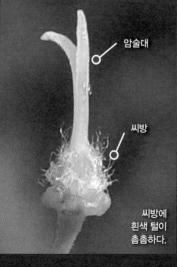

암술대

씨방

씨방에
흰색 털이
촘촘하다.

어린 가지는
홍갈색이며
털이 없다.

약 5~8미터 높이로
자라는 갈잎작은키나무다.

겹편평꽃차례의 길이는
약 6~7센티미터다.

잎 표면에 털이 없고,
잎 뒷면 맥 위에
약간의 털이 있다.

괭이신나무

[괭이신나무ㅍ · 곽지신나무]

Acer ginnala for. divaricatum
—

신나무*A. tataricum subsp. ginnala*와 달리 날개열매의 날개가 넓게 벌어지는 특징이
있다. 잎의 폭이 좁은 편이다.

열매의 날개는
넓게 벌어지는
특징이 있다.

날개열매에
털이 없다.

열매는 날개를 포함해
길이가 25~30밀리미터 정도다.

꽃받침조각과 꽃잎은
각 5개씩이다.

암술

수술

수꽃의 지름은
약 4~5밀리미터이고,
수술은 8~9개이다.

암술은
두 갈래로
갈라진다.

잎자루는
잎 길이보다 짧다.

잎의 길이는
약 6~10센티미터다.

잎은 마주 달리며,
흔히 세 갈래로
갈라진다.

11월, 단풍

어린 가지는
홍갈색이며
털이 없다.

약 5~8미터
높이로 자라는
갈잎작은키나무다.

겹편평꽃차례의 길이는
약 6~7센티미터 정도다.

잎 뒷면 맥 위에
약간의 털이 있다.

붉신나무
Acer ginnala for. coccineum
—
신나무*A. tataricum subsp. ginnala*와 달리 날개열매의 날개는 대부분 합쳐지며 열매
의 날개가 붉은색인 특징이 있다.

날개열매에
털이 없다.

열매는 날개를 포함해
길이가 25~30밀리미터 정도다.

열매의 날개는 대부분 합쳐지며,
날개가 붉은색인 특징이 있다.

꽃은 향기가 있고
5월에 핀다.

수꽃의 지름은
약 4~5밀리미터이고,
수술은 8개이다.

꽃받침
조각

꽃잎

꽃받침조각과 꽃잎은
각 5개씩이다.

잎은 마주
달린다.

잎의 길이는
약 6~10센티미터다.

잎은 마주 달리며
흔히 세 갈래로 갈라진다.

11월, 단풍

어린 가지는
홍갈색이며
털이 없다.

약 5~8미터
높이로 자라는
갈잎작은키나무다.

꽃은 4월에
3개씩
모여 핀다.

수꽃

복자기

[가슬박달 · 산참대]
—
Acer triflorum
—

작은 잎이 3개인 3출겹잎이고 잎가에 2~4개의 큰 톱니가 있다. 꽃은 3개씩 모여
피며 날개열매는 날개를 포함해 길이가 35~45밀리미터 정도다. 날개는 90도 이
하 예각으로 벌어진다.

잎 뒷면
맥 위에
털이 많다.

열매에
털이 많다.

열매는 3개씩
모여 달린다.

날개열매는 날개를 포함해
길이가 35~45밀리미터 정도다.
날개는 90도 이하
예각으로 벌어진다.

꽃덮이
조각

꽃덮이조각은
10개이다.

쌍성꽃차례

수술은 10개,
암술은 두 갈래로
갈라진다.

잎자루의 길이는
약 3~6센티미터이고
털이 있다.

옆작은잎

끝작은잎

끝작은잎은
길이 4~9센티미터,
폭 20~35밀리미터 정도다.

잎은 마주 달리며
작은 잎이 3개인
3출겹잎이다.

4월, 새잎

어린 가지는
붉은 빛이 돌며
겨울눈은 달걀꼴이다.

약 20~25미터
높이로 자라는
갈잎큰키나무다.

4월,
꽃은 3〜5개씩
모여 핀다.

복장나무

[복박나무 · 복작나무]

Acer mandshuricum

복자기(*A. triflorum*)와 달리 잎 뒷면 맥 위와 잎줄겨드랑이에 털이 있다. 잎가에 10〜12개의 톱니가 있다. 4월, 꽃은 3〜5개씩 모여 핀다. 날개열매에 털이 없다.

잎 뒷면 맥 위와
잎줄겨드랑이에
털이 있다.

날개열매는
3〜5개가
모여 달린다.

열매는 날개를
포함해 길이가
30〜35밀리미터 정도다.

열매에는
털이 없다.

꽃자루에
털이 없다.

수술은
8개이다.

꽃덮이조각

꽃덮이조각은
10개이다.

쌍성꽃

수술

날개

암술

잎자루의 길이는
약 7~10센티미터다.

끝작은잎

끝작은잎은 길이 5~10센티미터,
폭 2~3센티미터 정도다.

잎은 마주 달리며,
작은 잎이 3개인
3출겹잎이다.

잎의 위쪽에
둔한 톱니가 있다.

어린 가지는
회갈색이며
겨울눈은
검은색이다.

약 10~15(~30)미터
높이로 자라는
갈잎큰키나무다.

수꽃은 15~50개의
꽃이 모여 피며,
꽃자루가 실처럼
길게 아래로 늘어진다.

수꽃차례

잎 양면에는 털이 없거나

뒷면에 잔털이 있다.

네군도단풍

[네군도단풍나무]

Acer negundo

—

수꽃은 15~50개의 꽃이 모여 피며 꽃자루가 실처럼 길게 아래로 늘어진다. 암
꽃은 5~15개의 꽃이 모여 술모양꽃차례를 이루고 열매의 날개는 90도 이하 예
각으로 벌어져 안으로 굽는다.

날개열매는 날개를 포함해 길이가 30~35
밀리미터 정도다.

날개는 90도 이하 예각으로 벌어져
안으로 굽는다.

수꽃이 피는 모습

수꽃에
4~6개이다.

암꽃은
5~15개의
꽃이 모여
술모양꽃차례를 이룬다.

꽃덮이

씨방

날개

암술

암꽃

잎자루의 길이는
약 5~7센티미터다.

작은 잎은
길이 5~10센티미터,
폭 2~4센티미터 정도다.

잎은 마주 달리며, 작은 잎이 보통
3(~7)개인 3출겹잎이다.

초기 암꽃

꽃자루에 털

암술

어린 가지에는
털이 없다.

약 15~20미터
높이로 자라는
갈잎큰키나무다.

수꽃은 15~50개의
꽃이 모여 피며,
꽃자루가 실처럼 길게
아래로 늘어진다.

잎 양면에 털이 없거나

뒷면에 잔털이 있다.

자주네군도단풍

[자주네군도]

Acer negundo var. violaceum

—

네군도단풍A. negundo과 달리 어린 가지는 겨울에 암자색으로 변한다. 작은 잎이
5~7(~11)개인 2회3출겹잎 또는 깃꼴겹잎이다.

날개열매는
날개를 포함해
길이가 30~35밀리미터
정도다.

열매의 날개는
90도 이하 예각으로 벌어져
안으로 굽는다.

수꽃차례

수꽃에
4~6개이다.

암꽃은 5~15개의
꽃이 모여
술모양꽃차례를
이룬다.

꽃덮이

암술

잎줄기에
털이 없다.

작은 잎은 길이 5~10센티미터,
폭 2~4센티미터 정도다.

작은 잎이 5~7(~11)개인 2회3출겹
잎 또는 깃꼴겹잎이다.

꽃자루에 털

암술

꽃자루에
털이 있다.

어린 가지는
겨울에 암자색으로
변한다.

약 15~20미터
높이로 자라는
갈잎큰키나무다.

4월, 술모양꽃차례는
아래로 늘어진다.

잎 뒷면 잎줄겨드랑이에
약간의 털이 있다.

산겨릅나무

[산저릅 · 참겨릅나무]

Acer tegmentosum
—

나무껍질은 초록색이며 흰색 세로 줄이 있다. 잎은 마주 달리며 3~5갈래로 얕
게 갈라진다. 4월, 술모양꽃차례는 아래로 늘어지며 연한 황록색 꽃이 핀다. 꽃덮
이조각은 10개, 수술은 8개이다. 날개열매는 날개를 포함해 길이가 25~30밀리
미터 정도다. 날개는 90도 이상 둔각 또는 수평으로 벌어진다.

날개열매는
날개를 포함해
길이가 25~30밀리미터
정도다.

날개는 90도 이상 둔각
또는 수평으로 벌어진다.

암술

수술

날개

꽃덮이조각은 10개,
수술은 8개이다.

꽃덮이
조각

암꽃차례

햇가지

작년 가지

퇴화한 수술

암술

꽃덮이

암꽃에는 퇴화한 수술이 있으며,
암술머리는 둘로 갈라진다.

잎자루의 길이는
약 3~8센티미터다.

잎은 길이 10~16센티미터,
폭 7~10센티미터 정도다.

잎은 마주 달리며
3~5갈래로
얕게 갈라진다.

꽃은 잎과
동시에 핀다.

어린 가지는 털이 없고
흰 가루로 덮인다.

약 10~15미터
높이로 자라는
갈잎큰키나무다.
나무껍질은 초록색이며
흰색 세로 줄이 있다.

암수한그루이며 4월,
햇가지 끝에 황록색 꽃이 모여
편평꽃차례를 이룬다.

잎 뒷면 잎줄겨드랑이에
털이 있다.

고로쇠나무

[참고로실나무 · 우산고로쇠 · 섬고로쇠]

Acer pictum subsp. *mono*
—

잎은 5~7갈래로 얕게 갈라지며, 중앙 갈래조각裂片에 결각이 없다. 암수한그루
이며 황록색 꽃이 모여 편평꽃차례를 이룬다. 날개열매는 날개를 포함해 길이가
25~30밀리미터 정도다. 날개는 90도 이하 예각으로 벌어진다.

날개열매는 날개를 포함해
길이가 25~30밀리미터 정도다.

날개는 90도 이하
예각으로 벌어진다.

꽃받침조각

꽃잎

꽃잎과 꽃받침조각은
각 5개씩이고,
수술은 8개이다.

쌍성꽃의 암술은
두 갈래로 갈라진다.

수술

꽃의 지름은
약 5~7밀리미터 정도다.

잎의 길이는
약 7~15센티미터다.

잎은 마주 달리며
5~7갈래로
얕게 갈라진다.

잎 갈래조각에
결각이 없다.

잎자루의 길이는
약 6센티미터다.

편평꽃차례

어린 가지에는
털이 없다.

약 20미터
높이로 자라는
갈잎큰키나무다.

암수한그루이며
4월, 햇가지 끝에
황록색 꽃이 모여
편평꽃차례를 이룬다.

왕고로쇠 나무

[왕고로쇠]

Acer mono var. savatieri

—

고로쇠나무와 달리 잎은 보통 7갈래로 얕게 갈라진다. 날개열매의 날개는 거의
수평으로 벌어진다.

잎 뒷면
잎줄겨드랑이에
털이 있다.

4월,
꽃이 활짝 핀 모습

날개는
거의 수평으로
벌어진다.

날개열매는 날개를 포함해
길이가 25~30밀리미터 정도다.

꽃의 지름은
약 5~7밀리미터다.

꽃잎과 꽃받침조각은
5개씩이고,
수술은 8개이다.

암술은
두 갈래로
갈라진다.

암술

잎자루의 길이는
4~6센티미터 정도다.

잎의 길이는
약 9~15센티미터다.

잎은 마주 달리며
보통 7갈래로
얕게 갈라진다.

암술

꽃받침
조각

꽃잎

어린 가지에는
털이 없다.

약 20미터
높이로 자라는
갈잎큰키나무다.

암수한그루이며
4월, 햇가지 끝에
황록색 꽃이 모여
편평꽃차례를 이룬다.

잎 표면 맥 위에 털이 있고

뒷면에 짧은 털이 많다.

털고로쇠나무

[산고로쇠나무 · 산고로실나무]

Acer pictum

—

고로쇠나무A. pictum subsp. mono에 비해 잎은 얕게 5갈래로 갈라지고 잎 뒷면에 짧은 털이 촘촘하다.

날개열매는 날개를 포함해
길이가 25~30밀리미터 정도다.

날개는 90도 이상
거의 수평으로
벌어진다.

4월,
잎 뒷면에 털

꽃의 지름은
5~7밀리미터
정도다.

꽃잎과 꽃받침조각은
각 5개씩이고,
수술은 8개이다.

편평꽃차례

잎자루의 길이는
4~6센티미터 정도다.

잎은 마주 달리며
5갈래로 얕게 갈라진다.

잎은 길이 9~15센티미터,
폭 6~8센티미터 정도다.

어린 가지는
붉은색이며
털이 없다.

약 20미터
높이로 자라는
갈잎큰키나무다.

잎줄겨드랑이

잎줄겨드랑이에
털이 많다.

암수한그루이며 4월,
햇가지 끝에 황록색 꽃이 모여
편평꽃차례를 이룬다.

잎자루가
길다.

잎 뒷면 잎줄겨드랑이에
털이 있다.

깊게
갈라진다.

긴고로쇠
Acer mono f. dissectum
—
만주고로쇠에 비해 잎은 깊게 갈라지고 갈래조각이 바소꼴이며 잎자루의 길이
는 10~12센티미터 정도로 매우 길다.

날개열매는 날개를 포함한 길이가
25~30밀리미터 정도다.

날개는 90도 이상 둔각으로 벌어진다.
씨앗과 날개는 길이가 비슷하다.

잎은
마주 달린다.

꽃의 지름은
약 5~7밀리미터다.

꽃잎과 꽃받침조각은
5개씩이고
수술은 8개이다.

날개

암술

수술

꽃잎

잎자루의 길이는
약 10~12센티미터로
길다.

잎의 길이는
6~8센티미터 정도다.

중앙
갈래조각에
결각

잎은 마주 달리고
5갈래로 깊게 갈라지며,
흔히 중앙 갈래조각에
결각이 있다.

중앙 갈래조각에
결각이 없는 잎도 있다.

어린 가지에는
털이 없다.

약 20미터
높이로 자라는
갈잎큰키나무다.

암수한그루이며 4월,
햇가지 끝에 황록색
꽃이 모여 핀다.

잎 양면에는
털이 없다.

만주고로쇠

[만주고로실 · 북고로쇠나무]

Acer truncatum

—

고로쇠나무 A. pictum subsp. mono와 달리 잎은 5~7갈래로 깊게 갈라지며 흔히 중
앙 갈래조각에 결각이 있다. 날개열매의 날개는 90도 이상 둔각으로 벌어진다.
씨앗과 날개는 길이가 비슷하다.

날개열매는
날개를 포함한 길이가
25~30밀리미터 정도다.

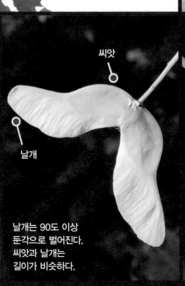

씨앗

날개

날개는 90도 이상
둔각으로 벌어진다.
씨앗과 날개는
길이가 비슷하다.

열매에
털이 없다.

꽃잎과 꽃받침조각은
5개씩이고 수술은 8개이다.

꽃받침

꽃잎

꽃의 지름은
5〜7밀리미터
정도다.

날개

암술

수술

잎은 길이 5〜11센티미터,
폭 6〜12센티미터 정도다.

결각이 있다.

잎자루의 길이는
약 3〜7센티미터 정도다.

잎은 마주 달리며,
5〜7갈래로 깊게 갈라지고
흔히 중앙 갈래조각에
결각이 있다.

수꽃에 암술은
퇴화한다.

어린 가지에는
털이 없다.

약 20미터
높이로 자라는
갈잎큰키나무다.

암수한그루이며 4월,
햇가지 끝에 황록색 꽃이
모여 핀다.

잎 뒷면에
잔털이 있다.

털만주고로쇠

Acer truncatum var. barbinerve

—

만주고로쇠*A. pictum var. truncatum*에 비해 잎 뒷면에 잔털이 있다.

날개열매는 날개를 포함한
길이가 25~30밀리미터 정도다.

꽃차례

수꽃

꽃의 지름은
5~7밀리미터
정도다.

꽃잎과 꽃받침은 각 5개씩이고
수술은 8개이다.

꽃은
햇가지 끝에
달린다.

잎자루의 길이는
약 3~9센티미터다.

잎은 길이 8~12센티미터,
폭 5~10센티미터 정도다.

결각

잎은 마주 달리며
5갈래로 깊게
갈라진다.

어린 가지에는
털이 있다.

겨울눈

약 5~10미터
높이로 자라는
갈잎작은키나무다.

노르웨이단풍

Acer platanoides

[Norway Maple]

—

고로쇠나무*A. pictum subsp. mono*에 비해 잎은 길이 10~14센티미터, 폭 10~20센티미터 정도로 폭이 넓은 편이다. 잎가에 결각이 있다. 날개열매는 날개를 포함해 길이가 3~5센티미터 정도다. 날개는 90도 이상 둔각으로 벌어진다.

4월, 햇가지 끝에
황록색 꽃 15~30개가 모여
편평꽃차례를 이룬다.

잎 표면에 털이 없고
뒷면 잎줄겨드랑이에
털이 있다.

날개열매는
날개를 포함한 길이가
3~5센티미터 정도다.

열매의 날개는 90도 이상
둔각으로 벌어진다.

잎을 자르면
흰색 젖물이
나온다.

꽃의 지름은
약 10밀리미터다.

꽃잎

꽃받침
조각

수술은 8개이다.

꽃잎과 꽃받침조각은
각 5개씩이고
암술은 두 갈래로
갈라진다.

잎자루의 길이는
10~20센티미터
정도다.

잎은 길이 10~14센티미터,
폭 10~20센티미터 정도다.

잎은 마주 달리며
보통 5갈래로
얕게 갈라지며
잎가에 결각이 있다.

잎가장자리에
결각상의 톱니가 있다.

약 12~15미터
높이로 자라는
갈잎큰키나무다.

어린 가지는
적갈색이며
털이 없다.

노르웨이 단풍

4월, 햇가지 끝에
붉은색 꽃 5∼20개가 모여
편평꽃차례를 이룬다.

단풍나무

[내장단풍]

Acer palmatum

—

잎은 보통 5∼7(∼9)갈래로 갈라진다. 잎은 길이 3∼6센티미터, 폭 4∼8센티미터
정도로 작은 편이다. 날개열매는 날개를 포함해 길이가 15∼20밀리미터 정도다.
날개는 거의 수평으로 벌어진다.

잎 표면에 털이 없고
뒷면에 털은 없어진다.

잎가에 홑톱니
또는 겹톱니가 있다.

날개열매는
날개를 포함한 길이가
15∼20밀리미터 정도다.

날개는
거의 수평으로
벌어진다.

꽃잎과 꽃받침조각은
각 5개씩이고
수술은 8개이다.

꽃받침조각   꽃잎

꽃 지름
4~6밀리미터
정도다.

암술은
두 갈래로
갈라진다.

잎자루의 길이는
약 2~6센티미터다.

잎은 길이 3~6센티미터,
폭 4~8센티미터 정도다.

잎은 마주 달리며
보통 5~7(9) 갈래로
갈라진다.

11월, 단풍

어린 가지에는
털이 없다.

약 10~15미터
높이로 자라는
갈잎떨기나무다.

편평꽃차례의 지름은
약 3~4센티미터이고 4월,
햇가지 끝에 붉은색 꽃이 핀다.

잎 표면에 털이 있거나 없고

잎 뒷면 맥 위에 부드러운 털이 있다.

당단풍나무

[아기단풍 · 털참단풍 · 왕단풍 · 서울단풍]

Acer pseudosieboldianum

—

단풍나무*A. palmatum*와 달리 어린 가지에는 흰 털이 약간 있다. 잎은 보통 9~11
갈래로 갈라지고 산단풍나무에 비해 잎 아래쪽의 갈래조각은 서로 포개지지 않
는다.

날개는 둔각 또는
거의 수평으로 벌어진다.

잎 아래쪽의 갈래조각은
서로 포개지지 않는다.

날개열매는
날개를 포함한 길이가
15~25밀리미터 정도다.

꽃의 길이는
약 10밀리미터다.

꽃잎과 꽃받침조각은
각 5개씩이고,
수술은 8개이다.

꽃받침조각   꽃잎

암술은
두 갈래로
갈라진다.

잎의 지름은
약 6~8센티미터다.

잎자루의 길이는
3~4센티미터 정도다.

잎은 마주 달리며
보통 9~11갈래로
갈라진다.

약 8미터
높이로 자라는
갈잎작은키나무다.

11월, 단풍

어린 가지에
흰 털이 약간 있다.

편평꽃차례의 지름은
약 3~4센티미터이고 4월,
햇가지 끝에 붉은색 꽃이 핀다.

산단풍나무

[산넓은잎단풍]

Acer pseudosieboldianum var. ishidoyanum
—

당단풍나무*A. pseudosieboldianum*에 비해 잎 아래쪽의 갈래조각은 서로 포개진다.
날개열매의 날개는 거의 수평으로 벌어진다.

잎 뒷면에
털이 촘촘하다.

날개열매는
날개를 포함한 길이가
15~25밀리미터 정도다.

날개는
거의 수평으로
벌어진다.

포개진다.

잎 아래쪽의 갈래조각은
서로 포개진다.

꽃의 길이는
약 10밀리미터다.

꽃잎　　꽃받침조각

꽃잎과 꽃받침조각은
각 5개씩이고,
수술은 8개이다.

수술

날개

암술

잎자루의 길이는
약 3~4센티미터다.

잎의 지름은
약 6~8센티미터다.

잎은 마주 달리며
보통 9~11갈래로
갈라진다.

작년 가지는
흰 가루로
덮인다.

어린 가지의 털은
곧 없어진다.

약 8미터
높이로 자라는
갈잎작은키나무다.

편평꽃차례의 지름은
약 3~7센티미터다.

섬단풍나무

Acer takesimense

—

당단풍나무*A. pseudosieboldianum*에 비해 잎은 보통 11~13갈래로 갈라져 우리나
라 단풍 중 가장 많이 갈라진다. 잎은 길이 10센티미터, 폭 12센티미터 정도로
약간 큰 편이다.

잎 양면에 털이 있으나
점차 없어지고,
뒷면 맥 위와
잎줄겨드랑이에만 남는다.

잎 아래쪽의
갈래조각은
포개지거나
포개지지 않는다.

날개열매는
날개를 포함한 길이가
15~25밀리미터 정도다.

열매의 날개는
거의 수평으로
벌어진다.

꽃의 길이는
10밀리미터 정도다.

꽃잎과 꽃받침조각은
각 5개씩이고
수술은 8개이다.

암술   수술

잎자루의 길이는
3~4센티미터 정도다.

잎은 길이 10센티미터,
폭 12센티미터 정도다.

잎은 마주 달리며
보통 11~13갈래로
갈라진다.

나무 모양

어린 가지에
털은 곧 없어진다.

약 8미터
높이로 자라는
갈잎작은키나무다.

섬단풍나무

718
단풍나무과

편평꽃차례의 지름은
약 3센티미터이고
5월, 햇가지 끝에
연한 녹색 꽃이 모여 핀다.

잎 뒷면에
털이 있으나
없어진다.

중국단풍

[세뿔단풍 · 세갈래단풍]

Acer buergerianum

단풍나무*A. palmatum*와 달리 나무껍질은 얇게 벗겨지고 잎은 세 갈래로 얕게 갈라진다.

날개는 90도 이하
예각으로 벌어진다.

잎가장자리에
톱니가 없다.

날개열매는
날개를 포함한 길이가
20~25밀리미터 정도다.

꽃잎과 꽃받침조각은
각 5개씩이고,
수술은 8개이다.

꽃의 지름은
약 4~6밀리미터다.

암술은
두 갈래로
갈라진다.

잎은 길이 6~10센티미터,
폭 4~6센티미터 정도다.

잎자루의 길이는
약 3~5센티미터다.

잎은 마주 달리며
세 갈래로
얕게 갈라진다.

10월,
단풍

어린 가지에
털은 곧 없어진다.

약 15~20미터
높이로 자라는
갈잎큰키나무다.

3월, 작년 가지에
붉은색 꽃이 모여
우산꽃차례를 이룬다.

수꽃차례

잎 표면에 털이 없고

뒷면에 털이 많다.

꽃단풍

Acer pycnanthum

—

잎은 마주 달리며 세 갈래로 얕게 갈라진다. 3월, 작년 가지에 붉은색 꽃이 모여
우산꽃차례를 이룬다. 꽃은 지름 은 6~10밀리미터 정도고 날개열매는 날개를
포함한 길이가 약 25~35밀리미터다. 날개는 90도 이하 예각으로 벌어진다.

날개는 90도 이하
예각으로 벌어진다.

4월,
활짝 핀 수꽃

날개열매는
날개를 포함한 길이가
약 25~35밀리미터다.

꽃의 지름은
약 6~10밀리미터다.

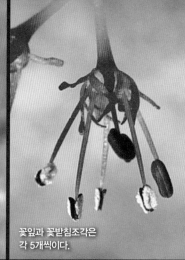

꽃잎과 꽃받침조각은
각 5개씩이다.

암술은
두 갈래로
갈라진다.

암나무보다 수나무의
잎이 더 작고
결각도 거의 없다.

잎은 길이 4~7센티미터,
폭 3~6센티미터 정도다.

잎은 마주 달리며
세 갈래로 얕게 갈라진다.

암꽃차례

어린 가지에는
털이 없다.

겨울눈 ○

약 5~15미터
높이로 자라는
갈잎큰키나무다.

3월 작년 가지에
붉은색 꽃이
모여 핀다.

암꽃

수꽃

잎 뒷면에
털은 없어진다.

은단풍

[사탕단풍나무 · 평양단풍나무]

Acer saccharinum

—

잎은 보통 5갈래로 깊게 갈라진다. 수꽃은 황적색이며 수술은 4~6개이다. 암꽃
은 붉은색이며 암술대의 길이는 약 2~3밀리미터다. 날개열매는 날개를 포함한
길이가 3~5센티미터 정도다. 날개는 거의 90도 정도 벌어진다.

날개열매는
날개를 포함한 길이가
3~5센티미터 정도다.

날개는 거의 90도
정도 벌어진다.

어린 열매에
털이 있다가
없어진다.

수꽃

수술은 4~6개이며
길이는 4~6밀리미터 정도다.

암꽃은 붉은색이며
암술대의 길이는
2~3밀리미터 정도다.

암술대

씨방

수술

꽃덮이

씨방에 털이
촘촘하다.

잎자루의 길이는
8~12센티미터 정도다.

잎 뒷면

잎의 길이는
약 8~14센티미터다.

잎은 마주 달리며
보통 5갈래로 깊게 갈라진다.

11월, 단풍

어린 가지에는
털이 없다.

약 20~40미터
높이로 자라는
갈잎큰키나무다.

721
무환자나무과

원뿔꽃차례의 길이는
25~40센티미터 정도다.

잎 양면 맥 위에 털이 있다.

모감주나무

[염주나무]

Koelreuteria paniculata

—

잎은 어긋나게 달리며, 작은 잎이 7~17개인 깃꼴겹잎이다. 원뿔꽃차례의 길이는
25~40센티미터 정도다. 꽃잎 아래쪽에 붉은색 돌기 모양의 부속체가 있다. 튀
는 열매의 길이는 4~5센티미터 정도의 꽈리 모양이다.

튀는 열매의 길이는
4~5센티미터 정도의
꽈리 모양이다.

씨앗은 검은색이고
지름이 약 7밀리미터다.

씨앗은 열매 속에
세 개씩 들어있다.

암술은 1개,
수술은 7~8개이다.

부속체

암술

수술

꽃받침

꽃의 지름은
10밀리미터 정도다.

잎가에 불규칙한
톱니가 있다.

작은 잎은 길이 5~10센티미터,
폭 3~6센티미터 정도다.

잎은 어긋나게 달리며
작은 잎이 7~17개인
꼴겹잎이다.

어린 가지에
잔털이 있다.

약 3~8미터
높이로 자라는
갈잎작은키나무다

11월, 단풍

칠엽수

[칠엽나무 · 왜칠엽나무]

Aesculus turbinata
—

작은 잎이 5~7개인 손바닥 모양 겹잎이다. 작은 잎은 길이 15~35센티미터, 폭
5~15센티미터 정도다. 튀는 열매의 지름은 약 3~5센티미터다. 씨앗은 밤처럼
생겼으며 지름이 2~3센티미터 정도다.

원뿔꽃차례의
길이는 약 12~25센티미터다.

잎 뒷면에 털이 있고
잎줄겨드랑이에
갈색 털이 많다.

잎줄겨드랑이에 털

튀는 열매의 지름은
약 3~5센티미터다.

씨앗은 밤처럼 생겼으며
지름이 약 2~3센티미터다

가을 단풍이 든 나무 모양

꽃잎은 4개이며
길이 7~11밀리미터 정도다.

수술은 7개,
암술은 1개이다.

많은 수꽃과
몇 개의 쌍성꽃이
섞여 핀다.

작은 잎은 길이
15~35센티미터,
폭 5~15센티미터
정도다.

잎은 어긋나게 달리며,
작은 잎이 5~7개인
손바닥 모양 겹잎이다.

잎가에
겹톱니가
있다.

겨울눈은
끈적끈적하다.

어린 가지에는
털이 없다.

약 20~30미터
높이로 자라는
갈잎큰키나무다.

원뿔꽃차례의 길이는
10~15센티미터 정도다.

가시칠엽수

[마로니에]

Aesculus hippocastanum

[Marronnier]

—

칠엽수*A. turbinata*에 비해 열매껍질에 가시가 많다. 작은 잎은 길이 10~25센티미터, 폭 5~12센티미터 정도로 약간 작은 편이다. 잎 뒷면 아래쪽에 갈색 털이 많다. 잎가에 불규칙한 겹톱니가 있다. 원뿔꽃차례의 길이는 10~25센티미터 정도로 약간 짧은 편이다.

잎 뒷면 아래쪽에
갈색 털이 많다.

튀는 열매의 지름은
약 3~4센티미터다.

열매는 갈색으로 익으며
세 갈래로 갈라진다.

씨앗은 밤처럼 생겼으며
지름이 약 2~3센티미터다.

꽃잎은 4개이며 길이가 7~11밀리미터 정도다.

쌍성꽃의 암술대는 길게 발달하고 털이 있다.

암술대에 털

씨방

꽃받침

수술대에 털

암술대

수꽃의 암술대는 퇴화한다.

잎가에 불규칙한 겹톱니가 있다.

작은 잎은 길이 10~25센티미터, 폭 5~12센티미터 정도다.

잎은 어긋나게 달리며, 작은 잎이 5~7개인 손바닥 모양 겹잎이다.

4월, 새잎과 꽃봉오리

어린 가지에 털이 없다.

약 20~30미터 높이로 자라는 갈잎큰키나무다.

원뿔꽃차례의 길이는
약 15~30센티미터다.

잎 표면에 털이 있고

뒷면에 털이 촘촘하다.

합다리나무

[합대나무]

Meliosma pinnata subsp. *arnottiana*

—

작은 잎이 7~15개인 깃꼴겹잎이며 꽃의 지름은 약 3~4밀리미터다. 바깥쪽 꽃
잎 3개는 둥근꼴이고 안쪽 꽃잎 2~3개는 줄꼴이며 안으로 오므라든다. 수술은
1~2개이고 안쪽 꽃잎보다 약간 길다.

굵은씨열매의 지름은
약 4~5밀리미터다.

씨앗은 암갈색이며
둔한 능선이 있다.

잎가에 바늘꼴의 톱니

바깥쪽 꽃잎 3개는 둥근꼴이고,
안쪽 꽃잎 2~3개는 줄꼴이며
안으로 오므라든다.

안쪽 꽃잎

바깥쪽
꽃잎

꽃의 지름은
약 3~4밀리미터다.

작은
꽃자루가
짧다.

잎가에
톱니가
있다.

작은 잎은 길이 5~8센티미터,
폭 2~3센티미터 정도다.

잎은 어긋나게 달리며,
작은 잎이 7~15개인
깃꼴겹잎이다.

잎은
어긋나게
달린다.

어린 가지에
황갈색
털이 있다.

약 10~20미터
높이로 자라는
갈잎큰키나무다.

원뿔꽃차례의 길이는
약 15〜25센티미터다.

잎 표면 맥 위에 털이 있고

뒷면에 황갈색 털이 있다.

나도밤나무

[나도합나리나무]

Meliosma myriantha

—

합다리나무*M. oldhamii*에 비해 잎은 길이 15〜30센티미터, 폭 4〜12센티미터 정
도로 크다. 잎은 겹잎이 아닌 홑잎이다. 흰색의 꽃은 지름 3밀리미터 정도다.

굳은씨열매의 지름은
4〜5밀리미터 정도다.

6월,
덜 익은 열매

열매는 9월에
붉은색으로 익는다.

꽃의 지름은 3밀리미터 정도다.
바깥쪽 꽃잎 3개는 둥근꼴이고
안쪽 꽃잎 2~3개는
줄꼴이며 안으로 오므라든다.

바깥쪽 꽃잎

안쪽 꽃잎

수술 1~2개는
안쪽 꽃잎보다 약간 길다.

수술대

꽃밥

바깥쪽 꽃잎

안쪽 꽃잎

암술대

꽃받침

잎은 길이 15~30센티미터,
폭 4~12센티미터 정도다.

잎가에 예리한
잔 톱니가 있다.

잎은 어긋나게 달리며
길둥근꼴이다.

어린 가지에
황갈색 털이 있다.

쌍성꽃은 황백색이며,
6~7월 가지 끝에 달린다.

약 10~20미터
높이로 자라는
갈잎큰키나무다.

나도밤나무

수꽃차례

암수딴그루이며
5월에 황록색
꽃이 핀다.

잎 양면에
털이 없다.

호랑가시나무

[묘아자나무 · 범의발나무]

Ilex cornuta

—

잎은 어긋나게 달리며 육각형이고 가죽질이며 잎가에 날카로운 가시가 있다. 잎은 길이 4~9센티미터, 폭 2~4센티미터 정도다. 굳은씨열매의 지름은 약 8~10밀리미터다. 열매는 10월에 붉은색으로 익는다.

굳은씨열매의 지름은
8~10밀리미터 정도다.

열매는 10월에
붉은색으로 익는다.

씨앗의 길이는
약 7~8밀리미터다.

꽃의 지름은
약 7밀리미터다.

암술대가 없고
암술머리는
두툼하다.

암꽃에는
헛수술이 있다.

잎가에 보통 5개의
날카로운 가시가 있다.

잎은 길이 4~9센티미터,
폭 2~4센티미터 정도다.

잎은 어긋나게 달리며
육각형이다.

암꽃의 작은 꽃자루는
길이 7~8밀리미터 정도다.

어린 가지에는
털이 없다.

약 1~3미터
높이로 자라는
늘푸른떨기나무다.

암수딴그루이며
6월에 연한 분홍색 꽃이 핀다.

잎 양면에는
짧은 털이 있다.

낙상홍

Ilex serrata

—

잎은 길이 4~8센티미터, 폭 3~4센티미터 정도다. 암수딴그루이며 6월에 연한
분홍색 꽃이 핀다. 굵은씨열매의 지름은 약 5밀리미터다. 열매는 10월에 붉은색
으로 익으며 씨앗의 길이는 2밀리미터 정도다.

열매는 10월에
붉은색으로 익는다.

굵은씨열매의 지름은
약 5밀리미터다.

씨앗의 길이는
약 2밀리미터다.

꽃의 지름은
3~4밀리미터 정도다.

헛수술

암꽃에는
헛수술이 있다.

씨방에
털이 없다.

잎가장자리에
잔 톱니가 있다.

잎은 길이 4~8센티미터,
폭 3~4센티미터 정도다.

잎은 어긋나게 달리며,
달걀 같은 길둥근꼴이다.

수꽃의 꽃잎과 수술은
보통 4~5개씩이다.

어린 가지에는
털이 있다.

약 1~3미터
높이로 자라는
갈잎떨기나무다.

암수딴그루이며
수꽃은 2~6개의
꽃이 모여 핀다.

꽝꽝나무

Ilex crenata

—

잎은 길이 2~3센티미터, 폭 1~2센티미터 정도다. 잎 뒷면에 샘점이 있고 암수
딴그루이며 6월에 녹백색 꽃이 핀다. 암꽃에는 헛수술이 있고 굵은씨열매의 지
름은 6~8밀리미터 정도이며 10월에 검은색으로 익는다.

잎 뒷면에
샘점이
있다.

샘점

열매는 10월에
검은색으로 익는다.

굵은씨열매의 지름은
약 6~8밀리미터다.

씨앗의 길이는
약 5밀리미터다.

꽃의 지름은
약 4~5밀리미터다.

헛수술

암꽃은
1(~2)개씩
달린다.

암꽃에는
헛수술이 있다.

잎은 어긋나게 달리며
길둥근꼴이다.

잎 양면에 털이 없고
잎가에 둔한 톱니가 있다.

잎은 길이 2~3센티미터,
폭 1~2센티미터 정도다.

둔한 톱니가
있다.

어린 가지에는
잔털이 있다.

약 1~3미터
높이로 자라는
늘푸른떨기나무다.

암수딴그루이며
수꽃은 2~6개의
꽃이 모여 핀다.

잎 뒷면에 샘점이 있다.

좀꽝꽝나무
Ilex crenata var. microphylla
—

꽝꽝나무*I. crenata*에 비해 잎은 길이 8~14밀리미터, 폭 5~8밀리미터 정도로 아주 작다.

열매자루는 길이 4~6밀리미터다.

열매는 10월에
검은색으로 익는다.

굳은씨열매의 지름은
6~7밀리미터 정도다.

꽃의 지름은
약 4~5밀리미터다.

꽃잎과 수술은
각 4개씩이다.

꽃은 햇가지 아래쪽이나
잎겨드랑이에 달린다.

잎가에 가는
톱니가 있다.

잎은 길이 8~14밀리미터,
폭 5~8밀리미터 정도다.

잎의 길이
꽝꽝나무: 20~30밀리미터
좀꽝꽝나무: 8~14밀리미터

잎은 어긋나게 달리며
길둥근꼴이다.

잎은
어긋나게
달린다.

어린 가지에는
잔털이 있다.

약 1~3미터
높이로 자라는
늘푸른떨기나무다.

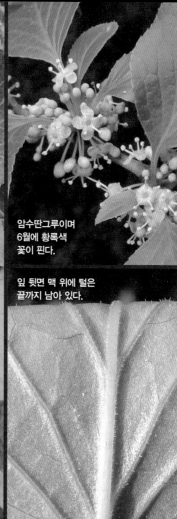

암수딴그루이며
6월에 황록색
꽃이 핀다.

잎 뒷면 맥 위에 털은
끝까지 남아 있다.

대팻집나무

[물안포기나무·대패집나무]

Ilex macropoda
—

잎은 넓은 달걀꼴이며, 길이 4~8센티미터, 폭 3~5센티미터 정도다. 잎 뒷면 맥 위에 털은 끝까지 남아 있다. 암수딴그루이며 6월에 황록색 꽃이 핀다. 암꽃에는 헛수술이 있다. 열매의 지름은 약 6~7밀리미터이고 10월에 붉은색으로 익는다.

굳은씨열매의 지름은
약 6~7밀리미터다.

열매는 10월에
붉은색으로 익는다.

잎 뒷면 잎맥은
도드라진다.

꽃의 지름은
약 4밀리미터다.

암꽃차례

꽃자루의 길이는
약 6~7밀리미터다.

암꽃에는
헛수술이 있다.

잎은 어긋나게 달리며
넓은 달걀꼴이다.

잎가에
톱니가
있다.

잎은 길이 4~8센티미터,
폭 3~5센티미터 정도다.

겨울
짧은 마디 가지短枝

어린 가지에는
털이 없다.

약 10~13미터
높이로 자라는
갈잎큰키나무다.

암수딴그루이며
6월에 황록색 꽃이 핀다.

민대팻집나무

[청대팻집나무]

Ilex macropoda f. pseudomacropoda

—

대팻집나무*I. macropoda*에 비해 잎 뒷면에 털이 전혀 없다.

잎 뒷면에
털이 전혀 없다.

열매는 10월에
붉은색으로 익는다.

굳은씨열매의 지름은
약 6~7밀리미터다.

씨앗의 길이는
5밀리미터 정도다.

꽃의 지름은
약 4밀리미터다.

꽃자루의 길이는
약 6~7밀리미터다.

암꽃에는
헛수술이
있다.

잎가에
톱니가 있다.

잎은 길이 4~8센티미터,
폭 3~5센티미터 정도다.

잎은 어긋나게 달리며
길둥근꼴이다.

어린 가지에는
털이 없다.

겨울
짧은 마디 가지

약 10~13미터
높이로 자라는
갈잎큰키나무다.

암수딴그루이며
4~5월 황록색 꽃이 핀다.

감탕나무
[떡가지나무, 끈제기나무]

Ilex integra
[mochi tree]

먼나무*I. rotunda*에 비해 꽃차례는 작년가지에 달리며, 꽃은 황록색으로 핀다. 꽃은 지름 9mm 정도고, 꽃잎은 뒤로 젖혀지지 않는다.

잎 양면에
털이 거의 없다.

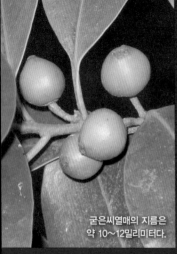

굵은씨열매의 지름은
약 10~12밀리미터다.

열매는 10월에
붉은색으로 익는다.

씨앗의 길이는
7밀리미터 정도다.

꽃의 지름은
약 9밀리미터다.

꽃자루의 길이는
약 10밀리미터다.

헛수술

암꽃에는
헛수술이
있다.

잎가에
톱니가 없다.

잎은 길이 4~8센티미터,
폭 3~5센티미터 정도다.

잎은 어긋나게 달리며
길둥근꼴이다.

어린 가지에는
털이 없다.

잎에 결맥이 희미하다.

높이 약 5~10미터로 자라는
늘푸른 작은키나무다.

감탕나무

먼나무
[좀감탕나무]

Ilex rotunda
—

잎은 길이 4~9센티미터, 폭 2~4센티미터 정도다. 암수딴그루이며 꽃의 지름은 4~5밀리미터 정도다. 꽃잎은 뒤로 젖혀지고 열매의 지름은 4~6밀리미터 정도이며 10월에 붉은색으로 익는다. 암꽃에는 헛수술이 있다. 열매의 지름은 약 6~7밀리미터이고 10월에 붉은색으로 익는다.

꽃은 6월에 흰색으로 우산꽃차례를 이룬다.

잎 양면에는 털이 없고 뒷면 중심맥이 도드라진다.

열매는 10월에 붉은색으로 익는다.

굳은씨열매의 지름은 약 4~6밀리미터다.

씨앗의 길이는 4밀리미터 정도다.

꽃의 지름은
약 4~5밀리미터다.

헛수술

암꽃에는
4~6개의
헛수술이 있다.

꽃잎은
4~6개다.

잎자루의 길이는
약 8~15밀리미터다.

잎은 길이 4~9센티미터,
폭 2~4센티미터 정도다.

잎은 어긋나게 달리며,
길둥근꼴~긴 길둥근꼴이다.

암술머리는
두툼한
원반 모양이다.

어린 가지에는
털이 없다.

약 10~20미터
높이로 자라는
늘푸른큰키나무다.

열매껍질은
초록색

암수딴그루이며
5월에 황록색 꽃이
모여 핀다.

푼지나무

[청다래넌출 · 분지나무]

Celastrus flagellaris

—

노박덩굴*C. orbiculatus*와 달리 턱잎은 가시로 변하며 줄기에서 공기뿌리가 발생한다. 잎은 길이 2~5센티미터, 폭 2~4센티미터 정도로 노박덩굴보다 소형이며 넓은 길둥근꼴~둥글꼴에 가깝다. 익은 열매의 열매껍질果皮은 초록색이다.

잎 양면에는
털이 없다.

튀는 열매는
공 모양이며
지름이 6~7밀리미터 정도다.

열매껍질은
초록색이다.

헛씨껍질
假種皮

씨앗

열매껍질

꽃의 지름은
약 6~7밀리미터다.
수꽃의 암술은
길이가 짧다.

암꽃의
수술은
퇴화한다.

수꽃의 암술은
길이가 짧다.

잎겨드랑이에 달리는
작은모임꽃차례

잎은 어긋나게 달리며
넓은 길둥근꼴~둥글꼴에
가깝다.

잎가에 줄 모양의
톱니가 있다.

잎은 길이 2~5센티미터,
폭 2~4센티미터 정도로
노박덩굴보다 소형이다.

가시

턱잎은 갈고리 모양의
가시로 변한다.

공기뿌리氣根

줄기에 공기뿌리가
발생한다.

줄기의 길이가
5미터 정도 자라는
갈잎덩굴나무다.

기둥 모양의
짧은 돌기

암수딴그루이며
꽃은 5월에 핀다.

기둥 모양
돌기

개노박덩굴

[거친잎노박덩굴]

Celastrus orbiculatus var. strigillosus

노박덩굴*C. orbiculatus*에 비해 잎 뒷면 중심맥 위에 기둥 모양 돌기柱狀突起가 있다. 익은 열매의 열매껍질은 초록색이다.

잎 뒷면 중심맥 위에
기둥 모양 돌기가 있다.

튀는 열매는 공 모양이며
지름이 약 6~7밀리미터다.

씨앗

열매껍질

익은 열매의
열매껍질은
초록색이다.

꽃의 지름은
약 6~7밀리미터다.

암꽃의 수술은
퇴화한다.

작은 꽃자루에
고리 모양 마디가
있다.

잎은 길이 4~10센티미터
폭 3~8센티미터 정도다.

잎가에
불규칙한
줄 모양의
톱니가 있다.

잎은 어긋나게 달리며
달걀꼴~둥글꼴에 가깝다.

7월, 열매

기둥 모양 돌기

턱잎이
변한 가시

줄기의 길이가
10미터 정도 자라는
갈잎덩굴나무다.

개노박덩굴

암수딴그루이며
5월에 1~25개의
꽃이 모여 핀다.

잎 양면에는
털이 없다.

노박덩굴

[놉방구덩굴 · 노박따위나무 · 노방덩굴]

Celastrus orbiculatus

줄기의 길이가 10미터 정도 자라서 다른 나무나 바위를 감고 자란다. 노란색 열매껍질 속에 황적색 헛씨껍질에 싸인 밝은 갈색의 씨앗이 들어있다.

튀는 열매의 지름은
8밀리미터 정도고
9~10월에 익는다.

노란색 열매껍질 속에
황적색 헛씨껍질에 싸인
밝은 갈색의 씨앗이
들어 있다.

헛씨껍질

열매껍질

수꽃차례

암꽃의 수술은
퇴화한다.

수술

꽃의 지름은
6~8밀리미터
정도다.

수꽃의 암술은
퇴화하고
수술이 길다.

수꽃차례

잎은 길이 4~10센티미터,
폭 3~8센티미터 정도다.

잎가에 안으로 굽은
톱니內曲鋸齒가 있다.

잎은 어긋나게 달리며
긴 길둥근꼴이다.

어린 가지에는
털이 없으며,
가지에는
공기뿌리가 없다.

줄기에 공기뿌리
노박덩굴: 없다.
푼지나무: 있다.

줄기의 길이가
10미터 정도 자라는
갈잎덩굴나무다.

수꽃차례

꽃은 5월에 피며
암수딴그루이다.

잎 양면에는
털이 없다.

덤불노박덩굴

[옅은잎노박덩굴 · 둥근잎노박덩굴]

Celastrus orbculatus var. sylvestris

—

노박덩굴*C. orbiculatus*과 달리 잎은 길이 10센티미터, 폭 10센티미터 정도로 둥근
꼴이며 얇은 편이다.

튀는 열매의 지름은
약 8밀리미터이고
10월에 익는다.

노란색 열매껍질 속에
황적색 헛씨껍질에 싸인
밝은 갈색의 씨앗이 들어있다.

씨앗

헛씨껍질

열매껍질

수꽃의 암술은
퇴화한다.

암꽃차례

암꽃의 수술은
퇴화한다.

잎가장자리에 불규칙하고
둔한 톱니가 있다.

잎은 길이 10센티미터,
폭 10센티미터 정도로
둥근꼴이다.

잎은 어긋나게 달리며
얇은 편이다.

꽃받침

어린 가지에는
털이 없고
껍질눈이 있다.

줄기의 길이가
10미터 정도 자라는
갈잎덩굴나무다.

덤불노박덩굴

열매는 길둥근꼴

암수딴그루이며
5월에 몇 개의
꽃이 모여 핀다.

잎 뒷면 맥 위에 털이 있다.

털노박덩굴

[큰노방덩굴 · 왕노방덩굴]

Celastrus stephanotiifolius
—

노박덩굴*C. orbiculatus*과 달리 잎 뒷면에 털이 있으며, 열매는 길둥근꼴 또는 달걀 같은 공 모양이다.

튀는 열매의 길이는
10~13밀리미터 정도고
10월에 익는다.

달걀 같은
공 모양

열매는 길둥근꼴 또는
달걀 같은 공 모양이다.

노란색 열매껍질 속에
황적색 헛씨껍질에 싸인
밝은 갈색의 씨앗이 들어 있다.

헛씨껍질

열매껍질

꽃의 지름은
6~8밀리미터 정도다.

암꽃의 수술은
퇴화한다.

꽃잎

꽃받침

잎자루의 길이는
2~3센티미터 정도다.

잎은 길이 6~10센티미터,
폭 5~8센티미터 정도다.

잎은 어긋나게 달리며
길둥근꼴~달걀 같은
둥근꼴이다.

어린 가지에 털이 없다.
턱잎이 변한 가시

턱잎이
변한
가시

잎가에 줄 모양의
톱니가 있다.

줄기의 길이가
10미터 정도 자라는
갈잎덩굴나무다.

암수딴그루이며,
5월에 1~10개의
꽃이 모여 핀다.

잎 양면에
털이 없다.

해변노박덩굴

[해변노방덩굴]

Celastrus orbiculatus var. punctatus

—

노박덩굴C. *orbiculatus*에 비해 잎은 길이 3~5센티미터로 소형이며 잎이 두껍고, 가지에 껍질눈이 뚜렷하다.

노란색 열매껍질 속에
황적색 헛씨껍질에 싸인
밝은 갈색의
씨앗이 들어 있다.

씨앗의 길이는
약 4밀리미터다.

씨앗

튀는 열매의 지름은
4~8밀리미터 정도고
10월에 익는다.

열매껍질

꽃의 지름은
6〜8밀리미터
정도다.

암꽃의
수술은
퇴화한다.

수꽃의
암술은
퇴화한다.

잎가에 안으로
굽은 톱니가 있다.

잎은 길이 3〜5센티미터,
폭 3〜4센티미터 정도로 소형이다.

잎은 어긋나게 달리며
달걀꼴〜길둥근꼴이다.

가시

껍질눈

턱잎이
변한 가시

줄기에
껍질눈이
뚜렷하다.

줄기의 길이가
10미터 정도 자라는
갈잎덩굴나무다.

꽃은 5월에
보통 3~7개가 모여
작은모임꽃차례를 이룬다.

잎 양면에는
털이 없다.

화살나무

[홋잎나무 · 참빗나무]

Euonymus alatus

—

줄기와 가지에 흔히 2~4줄의 코르크질의 날개가 있다. 꽃은 5월에 보통 3~7개가 모여 작은모임꽃차례를 이룬다. 꽃의 지름은 약 6~8밀리미터이고 4수성이다. 열매는 10월에 붉은색으로 익으며 헛씨껍질에 싸인 씨앗은 흰색이다.

튀는 열매는
10월에
붉은색으로 익는다.

열매는 길둥근꼴이고
길이가 5~8밀리미터 정도다.

열대껍질

헛씨껍질

씨앗

쌍성꽃은
황록색이다.

꽃의 지름은
6~8밀리미터
정도다.

꽃받침

꽃은
4수성이다.

가을 단풍

잎의 길이는
4~8센티미터 정도다.

잎은 마주 달리며
길둥근꼴~거꿀달걀꼴이다.

3월, 새잎

날개

줄기와 가지에
흔히 2~4줄의 코르크질
날개가 있다.

약 1~3미터
높이로 자라는
갈잎떨기나무다.

꽃은 5월에
보통 3~7개가 모여
작은모임꽃차례를 이룬다.

잎 뒷면에는
털이 있다.

털화살나무

[털홋잎나무]

Euonymus alatus f. pilosus

—

화살나무*E alatus*에 비해 잎 뒷면에 털이 있다.

튀는 열매는
10월에 붉은색으로
익는다.

열매는 길둥근꼴이고
지름이 5~8밀리미터 정도다.

붉은색 헛씨껍질에
싸인 씨앗은 흰색이다.

쌍성꽃은
황록색이다.

꽃의 지름은
6~8밀리미터 정도다.

꽃받침

꽃은
4수성이다.

잎가에 예리한
잔 톱니가 있다.

잎은 마주 달리며
길둥근꼴~거꿀달걀꼴이다.

잎의 길이는
4~8센티미터
정도다.

잎은 마주
달린다.

줄기와 가지에
흔히 2~4줄의
코르크질 날개가 있다.

약 1~3미터
높이로 자라는
갈잎떨기나무다.

털화살나무

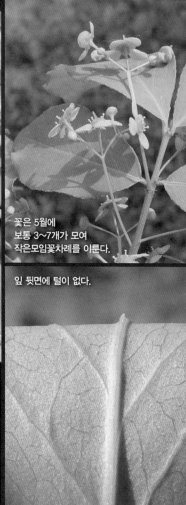

꽃은 5월에
보통 3~7개가 모여
작은모임꽃차례를 이룬다.

잎 뒷면에 털이 없다.

회잎나무

[횟잎나무 · 좀화살나무]

Euonymus alatus f. ciliato-dentatus

—

화살나무*E. alatus*에 비해 가지에 날개가 없다.

튀는 열매는
10월에 붉은색으로
익는다.

열매는 길둥근꼴이고
지름이 5~8밀리미터 정도다.

붉은색 헛씨껍질에
싸인 씨앗은 흰색이다.

꽃은
황록색이다.

꽃의 지름은
6~8밀리미터
정도다.

꽃은
4수성이다.

잎은
마주 달린다.

잎의 길이는
4~8센티미터 정도다.

잎은 마주 달리며
길둥근꼴~거꿀달걀꼴이다.

11월, 열매

가지에는
날개가 없다.

약 1~3미터 높이로
자라는 갈잎떨기나무다.

5월에 보통 3~7개의
꽃이 모여 난다.

잎 뒷면 맥 위에 털이 있다.

당회잎나무

[털회잎나무 · 삼방화살나무]

Euonymus alatus f. apterus

—

화살나무E. alatus와 달리 가지에 날개가 없고 회잎나무E. f. ciliatodentatus와 달리
잎 뒷면에 털이 있다.

열매는 10월에
붉은색으로 익는다.

튀는 열매는 길둥근꼴이고
지름이 5~8밀리미터 정도다.

붉은색 헛씨껍질에
싸여있는 씨앗은 흰색이다.

쌍성꽃은
황록색이다.

꽃의 지름은
6~8밀리미터 정도다.

꽃은
4수성이다.

꽃받침

잎가장자리에
예리한
잔 톱니가 있다.

잎의 길이는
4~8센티미터
정도다.

잎은 마주 달린다.

10월, 단풍

줄기와 가지에
코르크질 날개가 없다.

약 1~3미터
높이로 자라는
갈잎떨기나무다.

6월에 7~15개의
꽃이 모여
작은모임꽃차례를
이룬다.

잎 뒷면
잎 양면에는 털이 없다.

사철나무

[개동굴나무 · 푸른나무]

Euonymus japonicus

—

약 2~3미터 높이로 자란다. 잎은 마주 달리며 달걀꼴~길둥근꼴이다. 6월에
7~15개의 꽃이 모여 작은모임꽃차례를 이룬다. 열매는 11월에 황갈색으로 익으
며 헛씨껍질에 싸인 씨앗은 흰색이다.

열매는 11월에
황갈색으로 익는다.

헛씨껍질   열매껍질

튀는 열매는 둥글고
지름이 8~9밀리미터 정도다.

헛씨껍질

씨앗

열매껍질 속,
헛씨껍질에 싸인
씨앗은 흰색이다.

쌍성꽃은
황록색이다.

꽃의 지름은
6~7밀리미터
정도다.

꽃은
4수성이다.

잎가에
둔한 톱니가
있다.

잎은 길이 3~8센티미터,
폭 3~4센티미터 정도다.

잎은 마주 달리며
달걀꼴~길둥근꼴이다.

가지가 많이
갈라진다.

어린 가지에
털이 없고
능선이 있다.

약 2~3미터
높이로 자라는
늘푸른떨기나무다.

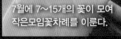

7월에 7~15개의 꽃이 모여
작은모임꽃차례를 이룬다.

잎 양면에는 털이 없다.

줄사철나무

[덩굴사철나무 · 덩굴들축]

Euonymus fortunei var. radicans
—

사철나무E. japonicus와 달리 줄기는 옆으로 기어가며 자라거나, 줄기에서 부착공
기뿌리附着根가 나와 다른 물체에 붙어 자란다.

튀는 열매는 11월에
연한 홍색으로 익는다.

열매껍질

헛씨껍질

열매는 둥글고
지름이 약 6~7밀리미터 정도다.

씨앗

헛씨껍질

열매껍질 속,
헛씨껍질에 싸인
씨앗은 흰색이다.

쌍성꽃은
황록색이다.

꽃의 지름은
6~7밀리미터 정도다.

꽃은 4수성이다.

잎은 마주 달리며
달걀꼴~길둥근꼴이다.

잎가에
둔한 톱니가
있다.

잎은 길이 2~6센티미터,
폭 1~2센티미터 정도다.

공기뿌리: 다른 식물을 기어오르거나
붙어 자라는 기능을 갖는다.

공기뿌리

어린 가지에는
털이 없고
능선이 있다.

줄기의 길이가
10미터 정도 자라는
늘푸른덩굴성떨기나무常綠灌木다.

5~6월, 1~3개의
적갈색 꽃이 모여
작은모임꽃차례를 이룬다.

잎 표면에 털이 있거나 없고

뒷면 맥 위에 털이 있다.

회목나무

[실회나무 · 개개회나무]

Euonymus pauciflorus

—

가지에 사마귀 같은 돌기가 있고 털이 없다. 1~3개의 적갈색 꽃이 모여 작은모
임꽃차례를 이루고 꽃대의 길이는 약 2센티미터이며 실처럼 가늘다. 열매의 지름
은 약 8밀리미터이고 4개의 능선이 있으며, 씨앗은 흑갈색이다.

튀는 열매는
9월에 붉은색으로
익는다.

8월초, 어린 열매

꽃대가
길다.

잎가에
잔 톱니와
털이 있다.

꽃대의 길이는
약 2센티미터다.

꽃의 지름은
7~10밀리미터
정도고
4수성이다.

꽃받침

잎자루는
아주 짧고
털이 있다.

잎의 길이는
4~7센티미터 정도다.

잎은 마주 달리며
긴 달걀꼴~길둥근꼴이다.

꽃차례

4월 초순

돌기

가지에 사마귀 같은
돌기가 있고 털이 없다.

약 2~3미터
높이로 자라는
갈잎떨기나무다.

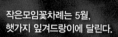

작은모임꽃차례는 5월,
햇가지 잎겨드랑이에 달린다.

잎 양면에는 거의 털이 없다.

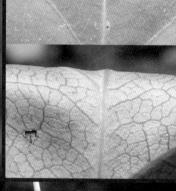

참회나무

[노랑회나무 · 회똥나무 · 회뚝이나무]

Euonymus oxyphyllus

—

회나무*E. sachalinensis*에 비해 열매에 날개가 없다.

열매는 10월에
적갈색으로 익는다.

튀는 열매의 지름은
10∼12밀리미터 정도이며
날개가 없다.

씨앗은 열매껍질 속,
헛씨껍질에 싸여 있다.

열매껍질

헛씨껍질

꽃의 지름은
6~8밀리미터 정도다.

꽃은 보통
5수성數性이다.

5수성: 꽃을 구성하는 꽃받침,
꽃잎, 수술 등의 기관이 5개의
수數인 것

자줏빛을 띤 꽃

잎자루의 길이는
4~10밀리미터 정도고
털이 없다.

잎은 길이 5~10센티미터,
폭 2~5센티미터 정도다.

잎은 마주 달리며,
달걀꼴~거꿀달걀꼴이다.

씨앗은
검은색이다.

열매껍질

씨앗

헛씨껍질

어린 가지는
둥글고
털이 없다.

약 2~4미터
높이로 자라는
갈잎작은키나무다.

작은모임꽃차례의 길이는
5~7센티미터 정도다.

잎 양면에는
털이 없다.

회나무

[좀나래회나무 · 자주나래회나무]

Euonymus sachalinensis

—

꽃은 보통 5수성이지만 가끔 4수성인 것도 있다. 열매는 9월에 붉은색으로 익는
다. 열매의 지름은 약 15밀리미터 정도이며 5(간혹 4)개의 날개가 있다.

튀는 열매는
10월에 붉은색으로
익는다.

열매의 지름은
15밀리미터 정도이며
보통 5개의 날개가 있지만
간혹 4개인 것도 있다.

10월에
열매가 터지면서
주황색 씨앗이
매달린다.

꽃의 지름은
5～6밀리미터 정도다.

꽃은 보통 5수성이지만
가끔 4수성도 있다.

4수성의 꽃

잎자루의 길이는
4～10밀리미터 정도고
털이 없다.

잎은 길이 9～15센티미터,
폭 6～9센티미터 정도다.

잎은 마주 달리며
긴 길둥근꼴～길둥근꼴이다.

날개가 4개인 열매

어린 가지는
둥글고 털이 없다.

약 2～3(～5)미터
높이로 자라는
갈잎작은키나무다.

작은모임꽃차례의 길이는
1~3센티미터 정도로
짧은 편이다.

잎 양면에는 털이 없다.

좁은잎참빗살나무

[두꺼운잎회나무]

Euonymus maackii

—

참빗살나무*E. hamiltonianus*에 비해 잎은 밝은 초록색이며, 좁고 길게 뾰족하다. 작은모임꽃차례의 길이는 1~3센티미터 정도로 약간 짧으며 꽃의 지름은 8~9밀리미터 정도다. 열매의 지름은 약 12밀리미터이며 4개의 둥근 모서리稜角가 깊은 편이다.

열매는 10월에
분홍색으로 익는다.

튀는 열매의 지름은
약 12밀리미터이며
4개의 둥근 날개가 있다.

암술

씨방

수술

꽃받침

꽃은 5월,
햇가지에 달리며
연한 녹색이다.

꽃의 지름은
8~9밀리미터 정도고
4수성이다.

4수성4數性: 꽃받침, 꽃잎, 수술,
암술 등의 기관이 4개 씩인 것

잎은 길이 4~8센티미터,
폭 2~5센티미터 정도로
폭이 좁다.

잎은 마주 달리며
긴 길둥근꼴이며
끝이 길게 뾰족하다.

잎자루의 길이는
7~10밀리미터 정도로
약간 긴 편이다.

잎은 좁고
길게 뾰족하다.

어린 가지는
털이 없고
능선이 있다.

약 3~5미터
높이로 자라는
갈잎작은키나무다.

작은모임꽃차례의 길이는
3~6센티미터 정도다.

잎 양면에는
털이 없다.

참빗살나무

[물뿌리나무]

Euonymus hamiltonianus

—

잎은 마주 달리며 바소 모양의 긴 길둥근꼴로 끝이 뾰족하다. 잎자루의 길이는 5~7밀리미터 정도다. 꽃의 지름은 10밀리미터 정도고 4수성이다. 열매의 지름은 10밀리미터 정도이며, 4개의 둥근 모서리가 있지만 날개는 없다.

열매는 10월에
분홍색으로 익는다.

튀는 열매의 지름은
10밀리미터 정도이며,
4개의 둥근 모서리가 있지만
날개는 없다.

열매껍질 속에
헛씨껍질에 싸인
씨앗이 들어 있다.

씨앗

헛씨껍질

열매껍질

5월, 햇가지에 3~12개의 꽃이 달린다.

꽃의 지름은 10밀리미터 정도다.

꽃밥

암술

꽃은 4수성이다.

잎자루의 길이는 5~7밀리미터 정도다.

잎은 길이 11~15센티미터, 폭 5~8센티미터 정도다.

잎은 마주 달리며, 바소 모양의 긴 길둥근꼴로 끝이 뾰족하다.

8월, 열매

어린 가지는 털이 없고 능선이 있다.

약 3~8미터 높이로 자라는 갈잎작은키나무다.

참빗살나무

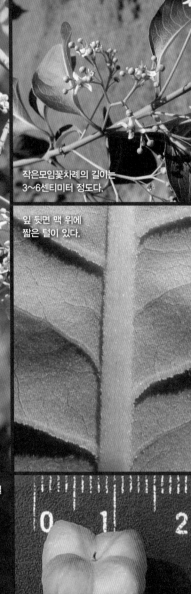

작은모임꽃차례의 길이는
3∼6센티미터 정도다.

잎 뒷면 맥 위에
짧은 털이 있다.

좀참빗살나무

[좀챔빗나무]

Euonymus hamiltoniamus var. maackii

—

참빗살나무*E. hamiltonianus*에 비해 잎자루의 길이는 15∼25밀리미터 정도로 길다. 잎은 넓은 길둥근꼴이며 잎 뒷면 맥 위에 짧은 털이 있다. 잎가에 주름이 지고 열매의 지름은 13밀리미터 정도로 약간 큰 편이다.

열매껍질

헛씨껍질

4개의 둥근 모서리가
있지만 날개는 없다.

분홍색 열매껍질 속에 얇은
헛씨껍질로 싸여 있는
씨앗이 들어 있다.

튀는 열매의 지름은
약 13밀리미터로
약간 큰 편이다.

꽃은 연한 녹색이며
5월, 햇가지에 달린다.

꽃의 지름은
10밀리미터 정도고
4수성이다.

암술

잎자루의 길이는
15~25밀리미터
정도로 길다.

잎은 길이 10~12센티미터,
폭 6~7센티미터 정도다.

잎은 마주 달리며
넓은 길둥근꼴이다.

6월, 열매

햇가지에
능선이 없다.

약 2~5미터
높이로 자라는
갈잎작은키나무다.

작은모임꽃차례의 길이는
3~6센티미터 정도다.

버들회나무

Euonymus trapococca

—

참빗살나무*E. hamiltonianus*와 달리 열매에 4개의 둥근 날개가 있다. 잎 뒷면 맥 위
에 짧은 털이 있다.

잎 뒷면 맥 위에
짧은 털이 있다.

튀는 열매에
4개의 둥근 날개가 있다.

열매는 10월에
분홍색으로 익는다.

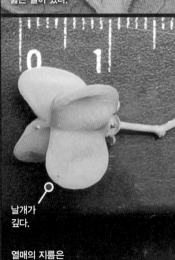

날개가
깊다.

열매의 지름은
약 10~12밀리미터다.

꽃은 연한 녹색이며
5월, 햇가지에 달린다.

꽃의 지름은
10밀리미터 정도고
4수성이다.

꽃받침

잎은 길이 10~12센티미터,
폭 5~7센티미터 정도다.

잎자루의 길이는
15~25밀리미터 정도로
긴 편이다.

잎은 마주 달리며
긴 길둥근꼴이다.

날개가
깊은 편이다.

어린 가지는
털이 없고
능선이 있다.

약 2~8미터
높이로 자라는
갈잎작은키나무다.

꽃은 가지 끝 또는
잎겨드랑이에 달리는
원뿔꽃차례에 달린다.

잎 표면은 털이 없으나,
뒷면 맥 위에 털이 있거나 없다.

미역줄나무

[미역순나무 · 노방구덤불 · 매역순나무]

Tripterygium regelii
[Regel tripterygium]
—

줄기의 길이가 2미터 정도 자라며, 줄기는 적갈색이고 작은 돌기가 많으며 5줄의
능선이 있다. 3개의 날개가 있는 날개열매이다.

날개열매는
붉은 빛이 돈다.

날개

열매에는
3개의 날개가
있다.

씨앗의 길이는
약 5밀리미터이며
적갈색이다.

꽃받침, 꽃잎, 수술은
각 5개씩이다.

수술

꽃잎

꽃잎은 흰색이며
뒤로 젖혀진다.

씨방은 3실이고
삼각형이다.

잎자루의 길이는
15～30밀리미터 정도고
적갈색이며 털이 없다.

잎자루

잎은 길이 5～15센티미터,
폭 4～10센티미터 정도다.

잎은 어긋나게 달리며
달걀꼴 또는 길둥근꼴에 가깝다.

가지는
적갈색이며
작은 돌기가
많이 있다.

돌기

능선

활짝 핀 꽃

줄기 길이 2미터 정도 자라는
갈잎 덩굴나무다.
가지에는 5줄의 능선이 있다.

미역줄나무

말오줌때

[나도딱총나무 · 말오줌나무]

Euscaphis japonica

[Sweetheart Tree]

—

깃꼴겹잎이며 작은 잎은 5～11개다. 열매의 길이는 1센티미터 정도의 반공 모양이며 씨앗은 검은색으로 광택이 있다.

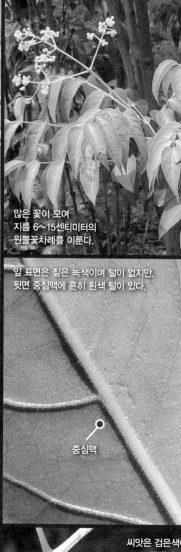

많은 꽃이 모여 지름 6～15센티미터의 원뿔꽃차례를 이룬다.

잎 표면은 짙은 녹색이며 털이 없지만, 뒷면 중심맥에 흔히 흰색 털이 있다.

중심맥

쪽꼬투리열매는 1～3개씩 달리며, 8～9월에 익는다.

열매에는 봉선이 있고 영구꽃받침이 남아 있다.

봉선縫線

영구꽃받침

씨앗은 검은색이며 광택이 있

육질의 열매껍질

씨앗

꽃은 5월에
황록색으로 핀다.

수술

꽃잎

꽃받침조각

꽃받침조각과 꽃잎,
수술은 각 5개씩이다.

암술대

수술

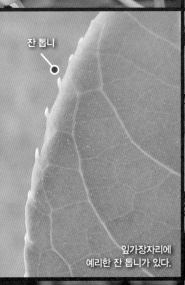

잔 톱니

잎가장자리에
예리한 잔 톱니가 있다.

작은 잎의 길이는
5～9센티미터의
달걀꼴이다.

작은 잎이 5～11개인
깃꼴겹잎이다.

월, 어린 열매

가지에 털이 없고
가지를 꺾으면
악취가 난다.

약 3～5미터
높이로 자라는
갈잎떨기나무 또는
작은키나무다.

원뿔꽃차례의 길이는
5〜8센티미터 정도다.

잎 표면에
털이 없으며,
뒷면 맥 위에
털이 있다.

고추나무

[반들잎고추나무 · 민고추나무]

Staphylea bumalda

—

작은 잎이 3개인 3출겹잎이다. 꽃의 길이는 7〜8밀리미터 정도다. 암술대는 아래
쪽에서 둘로 갈라지며 털이 있다. 열매는 납작한 풍선 모양의 튀는 열매이며 길
이가 15〜25밀리미터 정도다.

튀는 열매의 길이는
15〜25밀리미터 정도다.

열매는 9월에
갈색으로 익는다.

씨앗은 달걀꼴이며
길이가 5밀리미터 정도다.

꽃받침

꽃잎

수술

꽃의 길이는
7~8밀리미터
정도다.

작은
꽃자루

작은 꽃자루의 길이는
8~12밀리미터 정도다.

암술대

암술대는
아래쪽에서
둘로 갈라지며
털이 있다.

잎줄기

턱잎

작은 잎은 길이 4~8센티미터,
폭 2~4센티미터 정도다.

잎은 마주 달리며,
작은 잎이 3개인
3출겹잎이다.

4월, 꽃 피기 직전

턱잎

어린 가지에
털이 없고
4각이 진다.

약 2(~5)미터
높이로 자라는
갈잎떨기나무다.

꽃은 3월에
연한 노란색으로 핀다.

회양목

[회양나무 · 도장나무]

Buxus sinica

—

잎은 길이 12~17밀리미터, 폭 6~11밀리미터 정도다. 꽃은 중앙에 암꽃이 피고, 주위에 수꽃이 둘러싼다. 꽃에 꽃잎이 없고 튀는 열매의 길이는 10밀리미터 정도다.

잎 표면 중심맥
아래쪽에
털이 있다.

잎자루에
털이 있다.

튀는 열매의 길이는
약 10밀리미터다.

열매는 9월에
갈색으로 익는다.

씨앗의 길이는
약 6밀리미터다.

꽃은 중앙에 암꽃이 있고,
주위에 수꽃이 둘러싼다.

암꽃에는 3개의 암술머리가 있는
삼각형의 씨방이 있다.

꽃잎은 없으며
수술은 보통 1∼4개이다.

잎가장자리는
뒤로 말린다.

잎은 길이 12∼17밀리미터,
폭 6∼11밀리미터 정도다.

잎은 마주 달리며
길둥근꼴이다.

암술

씨방

씨방은
3실이다.

가지는 네모지고
털이 있다.

약 2∼3(∼7)미터
높이로 자라는
늘푸른떨기나무다.

꽃은 3월에
연한 노란색으로
핀다.

잎자루에
털이 있다.

잎 표면
중심맥
아래쪽에
털이 있다.

긴잎회양목

[긴회양나무 · 긴잎고양나무]

Buxus koreana f. elongata

—

회양목*B. koreana*에 비해 잎은 바소꼴이다. 잎은 길이 18~22밀리미터, 폭 7~8밀
리미터 정도로 회양목에 비해 좁은 편이다.

튀는 열매의 길이는
10밀리미터 정도다.

열매는 9월에
갈색으로 익는다.

안쪽열매껍질

씨앗

겉껍질

씨앗의 길이는
약 6밀리미터다.

꽃은 중앙에 암꽃이 피고
주위에 수꽃이 둘러싼다.

꽃잎은 없으며
수술은 보통 4(1~4)개이다.

암꽃에는
3개의 암술머리가 있는
삼각형의 씨방이 있다.

잎가장자리는
뒤로 말린다.

잎은 길이 18~22밀리미터,
폭 7~8밀리미터 정도로
좁고 긴 편이다.

잎은 마주 달리며
바소꼴이다.

5월, 어린 열매

가지는 네모지고
털이 없다.

약 2~3(~7)미터
높이로 자라는
늘푸른떨기나무다.

섬회양목

[섬회양나무]

Buxus koreana f. insularis

—

회양목*B. koreana*에 비해 잎은 넓은 길둥근꼴이다. 잎은 길이 18〜25밀리미터, 폭 10〜15밀리미터 정도로 큰 편이다.

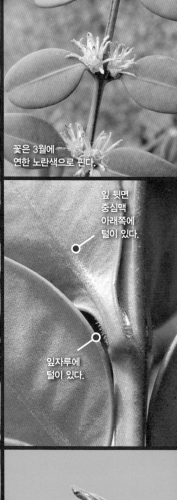

꽃은 3월에 연한 노란색으로 핀다.

잎 뒷면 중심맥 아래쪽에 털이 있다.

잎자루에 털이 있다.

튀는 열매의 길이는 약 10밀리미터다.

열매는 9월에 갈색으로 익는다.

씨앗의 길이는 약 6밀리미터다.

꽃은 중앙에 암꽃이 피고
주위에 수꽃이 둘러싼다.

암수꽃에는 꽃잎이 없으며
수꽃 하나에
수술은 보통 4개이다.

암술머리

암꽃에는
3개의 암술머리가 있는
삼각형의 씨방이 있다.

잎가장자리는
뒤로 말린다.

잎은 길이 18~25밀리미터,
폭 10~15밀리미터 정도다.

2

잎의 폭
좀회양목: 4~7밀리미터
섬회양목: 10~15밀리미터

잎은 마주 달리며
넓은 길둥근꼴이다.

잎 끝은 둔하거나
약간 오목하다.

가지는 네모지고
털이 있거나 없다.

약 2~3(~7)미터
높이로 자라는
늘푸른떨기나무다.

꽃은 3월에
연한 노란색으로
핀다.

잎 표면
중심맥
아래쪽에
털이 없다.

잎자루에
털이 없다.

좀회양목

[구슬회양목 · 좀고양이나무]

Buxus microphylla

—

회양목*B. koreana*에 비해 높이 60센티미터 정도로 키가 작은 품종이다. 잎은 길이
12~20밀리미터, 폭 4~7밀리미터 정도로 약간 길고 좁은 편이다. 어린 가지와
잎자루에 잔털이 없다.

튀는 열매의 길이는
10밀리미터 정도.

열매는 9월에
갈색으로 익는다.

안쪽열매껍질

씨앗

씨앗의 길이는
약 6밀리미터다.

꽃은 중앙에 암꽃이 피고
주위에 수꽃이 둘러싼다.

꽃에 꽃잎은 없으며
수술은 보통 4개이다.

암술머리

씨방

암꽃에는
3개의 암술머리가 있는
삼각형의 씨방이 있다.

양목에 비해
뒷면 가장자리가
리지 않는 편이다.

잎의 폭
좀회양목: 4~7밀리미터
섬회양목: 10~15밀리미터

잎은 길이 12~20밀리미터,
폭 4~7밀리미터 정도다.

잎은 마주 달리며
긴 길둥근꼴이다.

꽃은
잎겨드랑이에 달린다.

가지는
네모지고
털이 없다.

약 60센티미터
높이로 자라는
늘푸른떨기나무다.

7월, 연한 녹색 꽃이 모여
원뿔꽃차례를 이룬다.

잎 양면에는
털이 거의 없다.

청사조

Berchemia racemosa

먹넌출*B. racemosa var. magna*에 비해 곁맥의 숫자는 7~8쌍 정도이며 잎은 길이 4~6센티미터, 폭 2~4센티미터 정도로 소형이다. 잎자루의 길이는 10~15밀리미터 정도다.

굵은씨열매의 길이는
약 5~7밀리미터다.

씨앗의 길이는
약 5밀리미터다.

잎 크기 비교

청사조

먹넌출

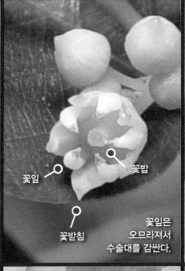

꽃잎

꽃밥

꽃받침

꽃의 지름은
약 3~4밀리미터이며
5수성이다.

꽃잎은
오므라져서
수술대를 감싼다.

암술은 1개,
수술은 5개이다.

결맥의 숫자
먹년출: 9~13쌍
청사조: 7~8쌍

잎은 길이 4~6센티미터,
폭 2~4센티미터 정도로 소형이다.

잎의 길이
먹년출: 8~13센티미터
청사조: 4~6센티미터

잎은 어긋나게 달리며
길둥근꼴~달걀꼴이다.

잎자루의 길이
먹년출: 15~25밀리미터
청사조: 10~15밀리미터

줄기는
다른 물체를 감고
올라가며 자란다.

줄기의 길이가
5~10미터 정도 자라는
갈잎덩굴나무다.

7월,
흰색 꽃이 모여
원뿔꽃차례를 이룬다.

잎 양면에는
털이 거의 없다.

먹넌출

[왕곰버들]

Berchemia floribunda

—

잎은 길이 8~13센티미터, 폭 4~7센티미터 정도고 잎에 9~13쌍 정도의 곁맥이
있다. 잎자루의 길이는 약 15~25밀리미터다.

굳은씨열매의 길이는
약 5~7밀리미터다.

열매는 7월,
붉은색에서 검은색으로 익는다.

잎 크기 비교

청사조

먹넌출

꽃의 지름은
약 3~4밀리미터다.

꽃잎

꽃받침

꽃잎은 오므라져서
수술대를 감싼다.

암술은 1개,
수술은 5개이다.

곁맥의 숫자
먹넌출: 9~13쌍
청사조: 7~8쌍

1
2
3
4
5
6
7
8
9
10
11

잎의 길이
먹넌출: 8~13센티미터
청사조: 4~6센티미터

잎은 길이 8~13센티미터,
폭 4~7센티미터 정도다.

잎은 어긋나게 달리며
길둥근꼴~달걀꼴이다.

어린 가지에는
털이 없다.

턱잎

잎자루의 길이
먹넌출: 15~25밀리미터
청사조: 10~15밀리미터

줄기의 길이가
5~10미터 정도 자라는
갈잎덩굴나무다.

6월, 황록색 꽃이 모여
원뿔꽃차례를 이룬다.

잎 표면에 털이 없으며

뒷면 잎줄겨드랑이에 털이 있다.

망개나무

Berchemia berchemiifolia

—

잎가에 톱니가 없고 물결 모양의 주름이 진다. 꽃의 지름은 3~4밀리미터 정도이
며 5수성이다. 굳은씨열매의 길이는 약 7~8밀리미터이며 8월에 붉은색으로 익
는다.

열매는 8월에
붉은색으로 익는다.

굳은씨열매의 길이는
7~8밀리미터 정도다.

씨앗의 길이는
약 6~7밀리미터다.

꽃의 지름은
약 3~4밀리미터이며
5수성이다.

꽃잎은 오므라져서
수술대를 감싼다.

꽃잎

꽃받침

암술머리

꽃쟁반

암술머리는
두 갈래로
갈라진다.

잎자루의 길이는
6~10밀리미터 정도이며
털이 없다.

잎은 길이 7~12센티미터,
폭 3~5센티미터 정도다.

잎은 어긋나게 달리며
긴 길둥근꼴이다.

꽃차례에는
털이 없다.

어린 가지는
적갈색이며
껍질눈이 있다.

약 12~15미터
높이로 자라는
갈잎큰키나무다.

6월, 6~18개의 황록색 꽃이 모여
작은모임꽃차례를 이룬다.

잎 표면에는 털이 없으며

뒷면 맥 위에 털이 있다.

까마귀베개

[가마귀베개 · 푸대추나무 · 헛갈매나무]

Rhamnella franguloides
—

열매의 길이는 8~10밀리미터 정도이며, 9월 노란색-붉은색-검은색으로 익는
다. 씨앗의 길이는 약 9밀리미터이며 잔줄이 있다.

열매는 9월에
노란색-붉은색-검은색으로 익는다.

굵은씨열매의 길이는
약 8~10밀리미터 정도다.

열매는 둥근 기둥 모양의
길둥근꼴이다.

꽃의 지름은
약 3~4밀리미터이고
5수성이다.

꽃잎은 오므라져서
수술대를 감싼다.

꽃받침

꽃잎

꽃자루의 길이는
약 2~4밀리미터다.

잎자루의 길이는
약 3~8밀리미터다.

잎은 길이 6~13센티미터,
폭 3~4센티미터 정도다.

잎은 어긋나게 달리며
달걀 같은 긴 길둥근꼴이다.

씨앗의 길이는
약 9밀리미터이며
잔줄이 있다.

어린 가지에는
털이 있다.

약 5~7미터
높이로 자라는
갈잎작은키나무다.

작은모임꽃차례의 지름은
약 4~6센티미터다.

잎 표면에 약간의 털이 있으며

뒷면 맥 위에 털이 있거나 없다.

헛개나무

[호리깨나무 · 볼게나무]

Hovenia dulcis

—

열매의 지름은 약 7~10밀리미터다. 열매자루는 울퉁불퉁하게 살이 찌며 단맛이 난다.

열매자루는
울퉁불퉁하게
살이 찌며
단맛이 난다.

열매자루

열매

굳은씨열매의 지름은
7~10밀리미터 정도다.

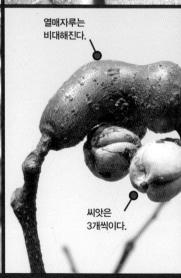

열매자루는
비대해진다.

씨앗은
3개씩이다.

꽃잎은 오므라져서
수술을 감싼다.

꽃받침

수술   꽃잎

꽃쟁반에 털

꽃의 지름은
약 6~7밀리미터다.

꽃쟁반에
털이 있다.

잎은 길이 7~15센티미터,
폭 6~11센티미터 정도다.

잎자루의 길이는
2~4센티미터 정도이며
털이 있다.

잎은 어긋나게 달리며
넓은 달걀꼴이다.

씨앗의 지름은
4~5밀리미터 정도다.

어린 가지의 털은
점차 없어진다.

약 10미터
높이로 자라는
갈잎큰키나무다.

헛개나무

암수딴그루이며
꽃은 5월에
황록색으로 핀다.

잎 양면에는
털이 거의 없다.

갈매나무

Rhamnus davurica

어린 가지는 가끔 굵은 가시로 변하기도 한다. 잎은 길이 5~10센티미터, 폭 2~5센티미터 정도다. 열매의 지름은 약 6~8밀리미터이며 9월에 검은색으로 익는다. 씨앗의 지름은 5~6밀리미터 정도고 홈이 있다.

열매는 9월에
검은색으로 익는다.

굵은씨열매의 지름은
약 6~8밀리미터다.

홈

씨앗의 지름은
약 5~6밀리미터이고
홈이 있다.

암술

헛수술

꽃자루

암꽃에는
헛수술이 있다.

암술

헛수술

꽃은 4수성이며
지름이 4～5밀리미터 정도다.

꽃자루의 길이는
약 7～8밀리미터다.

잎자루의 길이는
약 15～40밀리미터
정도다.

잎은 길이 5～10센티미터,
폭 2～5센티미터 정도다.

잎은 거의 마주 달리며
달걀꼴～긴 길둥근꼴이다.

어린 가지의 끝이
가시로 변한다.

가시

약 3～5미터
높이로 자라는
갈잎작은키나무다.

어린 가지는
가끔 굵은 줄기가시莖針로
변하기도 한다.

암수딴그루이며
5월에 황록색
꽃이 핀다.

잎 양면에는
털이 거의 없다.

참갈매나무
Rhamnus ussuriensis
—
갈매나무*R. davurica*에 비해 잎은 길이 10~17센티미터, 폭 2~4센티미터 정도로
대형이며, 길고 좁은 길둥근꼴이다.

열매는 9월에
검은색으로 익는다.

굳은씨열매의 지름은
약 6~8밀리미터다.

씨앗의 지름은
5~6밀리미터 정도고
홈이 있다.

구멍

홈

꽃받침

꽃잎

수꽃의 꽃잎은
수술을 감싸고 있다.

꽃자루

꽃자루의 길이는
약 7~8밀리미터다.

암술

헛수술

암꽃에는
헛수술이 있다.

잎자루의 길이는
약 10~25밀리미터다.

잎은 길이 10~17센티미터,
폭 2~4센티미터 정도로
갈매나무보다 대형이다.

잎은 거의 마주 달리며
좁은 길둥근꼴이다.

줄기가시는
다시 갈라지기도 한다.

가시

어린 가지의 끝은
가시로 변한다.

약 3~5미터
높이로 자라는
갈잎떨기나무다.

암수딴그루이며
5월에 황록색 꽃이 핀다.

잎 표면에 누운 털이 있고

뒷면 맥 위에 털은 점차 없어진다

짝자래나무

[자래나무 · 민연밥갈매 · 만주갈매나무]

Rhamnus yoshinoi

—

갈매나무*R. davurica*에 비해 잎은 어긋나게 달린다. 잎은 길이 3〜8센티미터, 폭
2〜4센티미터 정도로 갈매나무보다 작다. 잎 표면에 누운 털이 있고 뒷면 맥 위
의 털은 점차 없어진다. 잎자루의 길이는 7〜15밀리미터 정도로 갈매나무보다
짧으며 털이 있다. 열매자루의 길이는 7〜20밀리미터 정도로 긴 편이다.

열매자루가
길다.

열매자루의 길이
짝자래나무: 7〜20밀리미터
갈매나무: 10〜12밀리미터

굵은씨열매의 지름은
6〜7밀리미터 정도이며,
9월에 검은색으로 익는다.

씨앗은 지름 5〜6밀리미터 정도고
홈이 있다.

꽃의 지름은
4~5밀리미터 정도다.
수꽃의 꽃잎은 수술을 감싸고 있다.

꽃자루의 길이는
약 7~15밀리미터
정도로 긴 편이다.

암술

헛수술

암꽃에는
헛수술이 있다.

잎자루

잎자루의 길이는
7~15밀리미터 정도로
갈매나무보다 짧으며 털이 있다.

잎은 길이 3~8센티미터,
폭 2~4센티미터 정도로
갈매나무보다 작다.

잎의 배열
짝자래나무: 어긋나기
갈매나무: 마주나기

흔히 가시가 있다.

가시

어린 가지에는
털이 거의 없다.

약 2~5미터
높이로 자라는
갈잎떨기나무다.

짝자래나무

이삭꽃차례의 길이는
2~5센티미터 정도다.

잎 표면에는 털이 없고

뒷면에도 털이 거의 없다.

상동나무

[삼동낭 · 상동남]

Sageretia thea

—

약 2~3미터 높이로 자란다. 가지의 끝은 흔히 가시로 변하고 잎 뒷면에는 털이 없다. 잎자루의 길이는 약 2~7밀리미터이며 털이 거의 없다. 이삭꽃차례는 길이 2~5센티미터 정도이며 10월에 황록색으로 핀다. 굳은씨열매의 지름은 3~5밀리미터 정도고 다음 해 4~5월 흑자색으로 익는다.

암술머리는 3갈래로 갈라지고
씨방은 3실이다.

가지의 위쪽으로 갈수록
잎이 커진다.

잎가에
톱니가 있다.

꽃은 10월에
황록색으로 핀다.

꽃잎

꽃받침

수술

꽃지름은
3~4밀리미터 정도이며
꽃잎이 아주 작다.

수술

꽃잎

꽃은
5수성이다.

잎은 길이 1~3센티미터,
폭 10~15밀리미터 정도다.

잎자루의 길이는
2~7밀리미터 정도이며
털이 거의 없다.

잎은 어긋나게 달리며
길둥근꼴~넓은 달걀꼴이다.

줄기가시

줄기가시가 있다.

어린 가지에
털이 있다.

약 2~3미터
높이로 자라는
반늘푸른떨기나무半常綠灌木다.

상동나무

이삭꽃차례의 길이는
약 2~5센티미터다.

잎 표면의 털은
점차 없어지고

뒷면에 털이
촘촘하다.

털상동나무

Sageretia theezans f. tomentosa

—

상동나무*Sageretia thea*와 달리 잎 뒷면에 털이 촘촘하다.

굳은씨열매의 지름은
3~5밀리미터 정도다.

열매는 다음 해 4~5월,
흑자색으로 익는다.

4월, 새잎

꽃은 10월에
황록색으로 핀다.

꽃받침

꽃잎

꽃의 지름은
약 3~4밀리미터이며
꽃잎이 아주 작다.

꽃은
5수성이다.

잎은 길이 1~3센티미터,
폭 10~15밀리미터 정도다.

잎자루의 길이는
2~7밀리미터 정도이며
털이 많다.

잎은 어긋나게 달리며
길둥근꼴~넓은 달걀꼴이다.

줄기가시

줄기가시가
있다.

약 2~3미터
높이로 자라는
반늘푸른떨기나무다.

어린 가지에는
털이 많으며
능선이 있다.

털상동나무

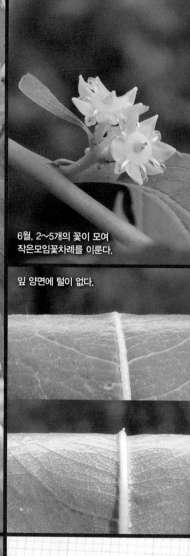

6월, 2~5개의 꽃이 모여
작은모임꽃차례를 이룬다.

잎 양면에 털이 없다.

대추나무

[대추]

Ziziphus jujuba var. inermis

턱잎이 변하여 가끔 가시가 되기도 한다. 굳은씨열매의 길이는 15~25밀리미터
정도다. 씨앗의 길이는 약 15밀리미터이며 속살ᄂ이 있다.

열매는 9월에
적갈색으로
익는다.

굳은씨열매의 길이는
약 15~25밀리미터다.

속살

겉씨껍질

씨앗의 길이는
약 15밀리미터이며
속살이 있다.

수술

꽃잎

꽃받침

꽃은
5수성이다.

꽃의 지름은
약 5~6밀리미터다.

꽃잎

잎은 어긋나게 달리며
달걀꼴이다.

턱잎

가시 같은
턱잎이 있다.

잎은 길이 2~6센티미터,
폭 10~25밀리미터 정도다.

턱잎이 변하여
가끔 가시가
되기도 한다.

가시

가지에는
털이 없다.

약 3~8미터
높이로 자라는
갈잎작은키나무다.

대추나무

씨앗에
속살이 없다.

씨앗은 길이 20밀리미터
정도로 길다.

꽃은 6월, 2~5개의 꽃이 모여
작은모임꽃차례를 이룬다.

잎 양면에는
털이 거의 없고
잎 아래쪽에
3개의 맥이 발달한다.

보은대추나무

Zizyphus jujuba var. *hoonensis*

—

충청북도 보은에서 재배하는 대추다. 대추나무Z. *jujuba* var. *inermis*와 달리 씨앗을
반으로 잘라보면, 씨앗에 속살이 없는 특징이 있다. 턱잎은 가시로 변하지 못하
고 흔히 흔적만 남는다.

열매는 9월에
적갈색으로 익는다.

굵은씨열매의 길이는
25~35밀리미터 정도로
큰 편이다.

속살이
없다.

씨앗의 길이는
약 20밀리미터이며
속살이 없다.

꽃은 5수성이다.

꽃받침

수술

꽃잎

꽃의 지름은
약 5～6밀리미터다.

작은모임꽃차례

잎자루의 길이는
약 1～5밀리미터이고
털이 없다.

잎은 길이 2～6센티미터,
폭 10～25밀리미터 정도다.

잎은 어긋나게 달리며
달걀꼴이다.

어린 가지에는
털이 없다.

말라
버린
턱잎

턱잎은 가시로 변하지 못하고
흔히 흔적만 남는다.

약 3～8미터
높이로 자라는,
갈잎작은키나무다.

보은대추나무

묏대추나무

[묏대추 · 산대추나무]

Zizyphus jujuba

대추나무z. *jujuba var. inermis*에 비해 턱잎의 길이는 3센티미터 정도의 긴 가시로 변하며 가시가 많다. 잎은 길이 2~3센티미터, 폭 10~15밀리미터 정도로 소형이다. 열매는 길둥근꼴이 아닌 공 모양이며 지름이 약 12~18밀리미터 정도로 작은 편이다. 씨앗의 길이는 약 10~12밀리미터로 작은 편이다.

꽃은 6월, 2~5개의 꽃이 작은모임꽃차례를 이룬다.

잎 아래쪽에서 세 개의 나란히 맥이 발달하며, 맥 위에 털이 있다.

굳은씨열매는 길둥근꼴이 아닌 공 모양이다.

보은대추

묏대추

열매의 길이 비교
묏대추: 12~18밀리미터
보은대추: 25~35밀리미터

보은대추

묏대추

씨앗의 길이 비교
묏대추: 10~12밀리미터
보은대추: 20밀리미터

꽃은
5수성이다.

꽃의 지름은
약 5~6밀리미터다.

작은모임꽃차례

턱잎

잎은 길이 2~3센티미터,
폭 10~15밀리미터 정도로 소형이다.

잎은
어긋나게 달리며
달걀꼴이다.

턱잎의 길이는
3센티미터 정도의
긴 가시로 변한다.

가지에
긴 가시가 많다.

약 2~4(~10)미터
높이로 자라는
갈잎작은키나무다.

묏대추나무

작은모임꽃차례의 길이는
3〜15센티미터 정도다.

잎 표면에는
털이 없고

잎 뒷면 맥 위에
털이 있다.

담쟁이덩굴

[돌담장이 · 담장넝쿨 · 담장이덩굴]

Parthenocissus tricuspidata

줄기의 길이가 10미터 이상 자라며, 줄기에서 흡착판이 발달하여 다른 물체에 달라붙어 자란다. 잎은 어긋나게 달리며 보통 세 갈래로 얕게 갈라진다. 열매는 공 모양이며, 지름이 6〜8밀리미터 정도고 10월, 흰 가루로 덮인 검은색으로 익는다.

열매는 10월,
흰 가루로 덮인
검은색으로 익는다.

물열매의 지름은
6〜8밀리미터
정도다.

씨앗의 길이는
4〜5밀리미터 정도다.

꽃은 쌍성꽃이며
6~7월 황록색으로 핀다.

꽃의 지름은
5~6밀리미터 정도다.

암술

씨방

11월, 단풍

잎은 길이 4~17센티미터,
폭 4~12센티미터 정도다.

잎은 어긋나게 달리며
보통 세 갈래로 얕게 갈라진다.

흡착판

덩굴손 끝에
흡착판吸着板이 발달하여
다른 물체에 달라붙어 자란다.

덩굴손

흡착판

덩굴손은 잎과 마주 달리며
끝에 흡착판이 발달한다.

줄기의 길이가
10미터 이상 자라는
갈잎덩굴나무다.

원뿔꽃차례의 길이는
약 8~20센티미터다.

잎 양면에는
털이 없다.

미국담쟁이덩굴

[양담쟁이 · 양담쟁이덩굴]

Parthenocissus quinquefolia
—

담쟁이덩굴*P. tricuspidata*에 비해 작은 잎이 5개인 손바닥 모양 겹잎이다. 잎 양면에 털이 없고 원뿔꽃차례의 길이는 8~20센티미터 정도다.

물열매는 공 모양이고
지름이 6~8밀리미터 정도다.

열매는 10월,
흰 가루로 덮인
검은색으로 익는다.

씨앗의 길이는
4~5밀리미터 정도다.

꽃은 7월,
녹적색으로 핀다.

꽃의 지름은
4~6밀리미터
정도다.

꽃자루에 털이 없고
씨방은 붉은색이다.

잎은 어긋나게 달리며
작은 잎이 5개인
손바닥 모양 겹잎이다.

10월, 단풍

잎은 길이 5~14센티미터,
폭 3~9센티미터 정도다.

덩굴손은 잎과 마주 달리며,
끝에 흡착판이 발달한다.

잎자루

덩굴손

흡착판

덩굴손에 흡착판이 발달하여
다른 물체에 달라붙어 자란다.

줄기의 길이가
9~15미터 정도 자라는
갈잎덩굴나무다.

원뿔꽃차례의 길이는
10~20센티미터 정도고
잎과 마주 달린다.

잎 표면에 솜털이 있고
뒷면은 흰색 솜털이 많아서
회백색으로 보인다.

포도
Vitis vinifera
—

잎은 3~5갈래로 얕게 갈라진다. 잎은 길이 7~18센티미터, 폭 6~16센티미터
정도다. 잎 표면에 솜털이 있고 뒷면은 흰색 솜털이 많아서 회백색으로 보인다.
원뿔꽃차례의 길이는 약 10~20센티미터이고 잎과 마주 달린다. 꽃차례에 덩굴
손이 있고 물열매의 지름은 약 15~20밀리미터다.

열매는 9월,
흰 가루로 덮인
검은색으로 익는다.

물열매의 지름은
약 15~20밀리미터다.

씨앗의 길이는
약 7밀리미터다.

꽃은 6월
연한 녹색으로
핀다.

꽃잎

수술대

꽃잎 위쪽은 합쳐져 있으며,
꽃잎 갈래 조각은
뒤로 젖혀지지 않는다.

꽃잎

덩굴손은
잎과 마주 달린다.

잎은 길이 7～18센티미터,
폭 6～16센티미터 정도다.

잎은
어긋나게 달리며
둥근꼴이다.

어린잎은
솜털로 덮여있다.

어린 가지에
솜털이 있고
능선이 있다.

줄기의 길이가
2～4미터 정도
자라는 갈잎덩굴나무다.

포도

꽃차례에
덩굴손이
없다.

원뿔꽃차례의 길이는
7~10센티미터 정도고
잎과 마주 달린다.

잎 양면에 약간의 털이 있다.

새머루

[산포도]

Vitis flexuosa

—

잎은 어긋나게 달리며 달걀 같은 삼각형이다. 잎가에 결각이 없으며, 치아상의
톱니가 불규칙하게 있다. 원뿔꽃차례의 길이는 7~10센티미터 정도고 잎과 마주
달린다. 꽃차례에 덩굴손이 없고 물열매의 지름은 8~10밀리미터 정도이며 10월
에 검은색으로 익는다.

물열매의 지름은
8~10밀리미터 정도다.

씨앗의 길이는
5밀리미터 정도다.

열매는 10월에
검은색으로 익는다.

꽃은 6월,
연한 황록색으로
핀다.

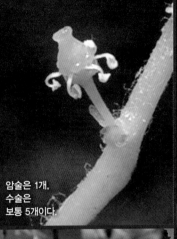

암술은 1개,
수술은
보통 5개이다.

꽃잎 위쪽은 합쳐져 있고,
꽃잎 갈래 조각은
뒤로 젖혀지지 않는다.

꽃잎

암술

수술

덩굴손

덩굴손은
잎과 마주 달린다.

잎은 길이 3~12센티미터,
폭 3~10센티미터 정도로
작은 편이다.

잎은 어긋나게 달리며
달걀 같은 삼각형이다.

잎가에 결각이 없으며,
치아상의 톱니가 불규칙하게 있다.

어린 가지에
솜털이 있고
능선이 있다.

줄기의 길이가
10미터 이상 자라는
갈잎덩굴나무다.

원뿔꽃차례의 길이는
8~20센티미터 정도고
잎과 마주 달린다.

머루

[산포도, 산머루]

Vitis coignetiae Pulliat

—

왕머루*V.amurensis*에 비해 잎 뒷면과 어린 가지에 거미줄같은 연한 적갈색 털이
많다.

잎 뒷면에 거미줄같은
연한 적갈색 털이 많다.

물열매는 지름
8밀리미터 정도다.

물열매는 송이로 10월에
검은색으로 익는다.

씨앗의 길이는
6밀리미터 정도다.

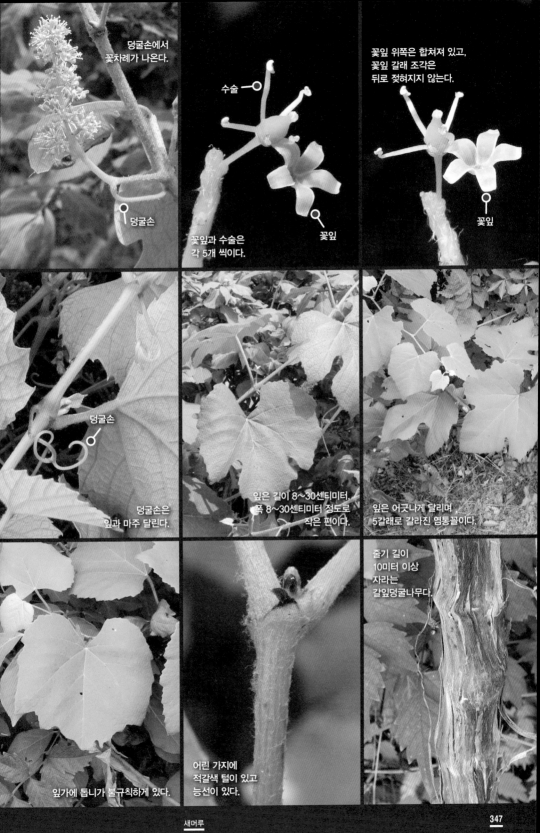

덩굴손에서
꽃차례가 나온다.

수술

덩굴손

꽃잎과 수술은
각 5개 씩이다.

꽃잎

꽃잎 위쪽은 합쳐져 있고,
꽃잎 갈래 조각은
뒤로 젖혀지지 않는다.

꽃잎

덩굴손

덩굴손은
잎과 마주 달린다.

잎은 길이 8~30센티미터,
폭 8~30센티미터 정도로
작은 편이다.

잎은 어긋나게 달리며
5갈래로 갈라진 염통꼴이다.

줄기 길이
10미터 이상
자라는
갈잎덩굴나무다.

잎가에 톱니가 불규칙하게 있다.

어린 가지에
적갈색 털이 있고
능선이 있다.

원뿔꽃차례의 길이는
5〜13센티미터 정도고
잎과 마주 달린다.

잎 표면에 털이 없고

뒷면에 털이 없거나 맥 위에 털이 있다.

왕머루

[잔털왕머루 · 털새머루]

Vitis amurensis

새머루v. *flexuosa*와 달리 덩굴손에서 꽃차례가 나온다. 잎은 3〜5갈래로 얕게 갈
라지고 잎은 길이 12〜24센티미터, 폭 10〜21센티미터 정도로 큰 편이다. 열매
자루에 덩굴손이 있다.

덩굴손

물열매의 지름은
8〜12밀리미터 정도다.

씨앗의 길이는
약 6밀리미터다.

열매자루에
덩굴손이 있다.

꽃잎은 위쪽에서 합쳐져 있으며,
꽃잎 갈래 조각은 뒤로 젖혀진다.

덩굴손

덩굴손에서
꽃차례가
나온다.

수술

꽃잎

꽃잎과 수술은
각 5~6개씩이다.

꽃잎

덩굴손은 잎과 마주 달리며
꽃차례는 덩굴손에서 나온다.

덩굴손

꽃차례

덩굴손

잎은 길이 12~24센티미터,
폭 10~21센티미터 정도로
큰 편이다.

잎은 어긋나게 달리며
넓은 달걀꼴이다.

잎은 3~5갈래로 얕게 갈라지고
잎가에 작은 톱니가 있다.

어린 가지에
솜털이 있고
능선이 있다.

줄기의 길이가
10미터 이상 자라는
갈잎덩굴나무다.

작은모임꽃차례의 길이는
3∼5센티미터 정도이며
잎과 마주 달린다.

잎 표면에 털이 거의 없고

뒷면 맥 위에 약간의 잔털이 있다.

개머루

[돌머루]

Ampelopsis glandulosa var. *heterophylla*

어린 가지에 약간의 털이 있고 능선이 있다. 잎 표면에 털이 거의 없고 뒷면 맥
위에 약간의 잔털이 있다. 물열매의 지름은 5∼10밀리미터 정도고, 10월에 청색
∼자주색으로 익는다.

씨앗의 길이는
약 3∼5밀리미터다.

열매는 10월에
청색∼자주색으로
익는다.

물열매의 지름은
5∼10밀리미터 정도다.

꽃의 지름은
4~5밀리미터 정도다.

암술은 1개,
수술은 5개이다.

7~8월,
황록색 꽃이 핀다.

잎자루는
연한 녹색이며
약간의 털이 있다.

잎의 길이는
약 4~10센티미터다.

잎은 어긋나게 달리며
3~5갈래로 얕게 갈라진다.

꽃쟁반

어린 가지에
약간의 털이 있고
능선이 있다.

줄기의 길이가
3~5미터 정도 자라는
갈잎덩굴나무다.

개머루

작은모임꽃차례의 길이는
3~5센티미터 정도이며,
잎과 마주 달린다.

잎 표면에는
털이 없고

뒷면에 짧은 털이
많은 편이다.

털개머루
Ampelopsis glandulosa
—

개머루*A. heterophylla*에 비해 어린 가지와 잎자루 및 잎 뒷면에 짧은 털이 많다.

열매는 10월,
청색~자주색으로
익는다.

물열매의 지름은
5~10밀리미터 정도다.

7~8월,
황록색 꽃이 핀다.

꽃의 지름은
약 4~5밀리미터다.

꽃쟁반

암술은 1개,
수술은 5개이다.

잎의 길이는
4~10센티미터
정도다.

잎자루

잎자루의 길이는
7센티미터 정도이며
털이 있다.

잎은 어긋나게 달린다.

덩굴손은
잎과 마주 달린다.

덩굴손

줄기의 길이가
3~5미터 정도 자라는
갈잎덩굴나무다.

어린 줄기에는
털이 많고
능선이 있다.

털개머루

잎자루가
자주색

어린 가지가
자주색

작은모임꽃차례의 길이는
3~5센티미터 정도이며
잎과 마주 달린다.

잎 양면에 털이 거의 없다.

자주개머루
Ampelopsis brevipedunculata f. elegans
—
개머루와 달리 잎에 흰색 얼룩점이 있고 잎자루와 어린 가지가 자주색이다.

물열매는 10월에
청색~자주색으로
익는다.

열매의 지름은
8~10밀리미터 정도다.

열매에 껍질눈이 있다.

꽃의 지름은 4~5밀리미터 정도다.

암술은 1개, 수술은 5개이다.

암술

꽃쟁반

잎자루는 자주색이며 약간의 털이 있다.

흰색 얼룩점

잎의 길이는 약 4~10센티미터이며 잎에 흰색 얼룩점이 있다.

잎은 어긋나게 달린다.

잎자루와 어린 가지가 자주색이다.

줄기는 마디가 굵고 능선이 있다.

줄기의 길이가 3~5미터 정도 자라는 갈잎덩굴나무다.

자주개머루

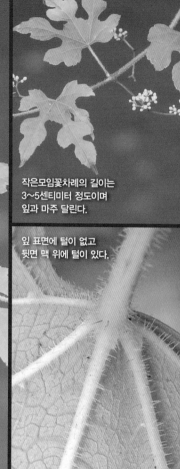

작은모임꽃차례의 길이는
3~5센티미터 정도이며
잎과 마주 달린다.

잎 표면에 털이 없고
뒷면 맥 위에 털이 있다.

가새잎개머루

Ampelopsis glandulosa var. heterophylla f. citrulloides
—

개머루*A. brevipedunculata*와 달리 잎의 결각이 5갈래로 깊게 갈라진다.

열매는 10월에
청색~자주색으로
익는다.

물열매의 지름은
7~10밀리미터 정도다.

씨앗의 지름은
5밀리미터 정도다.

꽃은 7~8월에
황록색으로 핀다.

꽃의 지름은
4~5밀리미터
정도다.

암술은 1개
수술은 5개이다.

잎자루의 길이는
약 7센티미터이고
털이 있다.

잎의 길이는
4~10센티미터
정도다.

잎은 어긋나게 달리며
결각이 5갈래로
깊게 갈라진다.

꽃은
황록색으로
핀다.

어린 줄기에는
털이 있고
능선이 있다.

줄기의 길이가
3~5미터 정도
자라는 갈잎덩굴나무다.

가새잎개머루

술모양꽃차례의 길이는
5~10센티미터 정도다.

담팔수

Elaeocarpus sylvestris var. ellipticus

—

꽃잎은 5개이며, 꽃잎은 중앙까지 실처럼 가늘게 갈라진다. 굳은씨열매의 길이는
20~25밀리미터 정도고 12월에 검은색으로 익는다.

잎 양면에는
털이 없다.

열매는 12월에
검은색으로 익는다.

굳은씨열매의 길이는
20~25밀리미터 정도다.

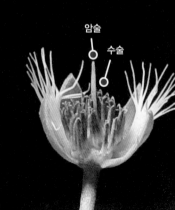

수술은 15~20개 정도이며
암술은 수술보다 길다.

암술

수술

꽃의 지름은
약 12밀리미터다.

꽃잎은 5개이며
중앙까지 실처럼 가늘게 갈라진다.

꽃잎

꽃받침

꽃밥의 끝이
두갈래로 갈라지며孔開,
씨방에 융털이 있다.

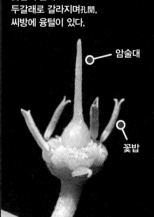

암술대

꽃밥

잎가에
둔한 톱니가 있다.

잎은 길이 4~12센티미터,
폭 2~4센티미터 정도다.

잎은 어긋나게 달리며
거꿀바소꼴이다.

어린 가지에
누운 털이 있다.

꽃받침조각은 5개이며
길이가 3~4밀리미터 정도다.

약 10~20미터
높이로 자라는
늘푸른큰키나무다.

꽃은 7월, 5~8개가 모여
작은모임꽃차례를 이룬다.

잎 표면에 잔털이 있고

뒷면에 별 모양 털이 많다.

장구밥나무

[장구밤나무 · 잘먹기나무]

Grewia biloba

—

잎은 길이 8~16센티미터, 폭 6~8센티미터 정도다. 꽃은 잎겨드랑이에서 작은
모임꽃차례를 이룬다. 꽃의 지름은 12~17밀리미터 정도이며 암꽃, 쌍성꽃이 각
각 딴그루에 달린다. 굳은씨열매의 지름은 약 15밀리미터로 장구 모양이다.

굳은씨열매의 지름은
약 15밀리미터로
장구 모양이다.

씨앗

씨앗의 지름은
약 8~10밀리미터다.

열매는 9월,
황적색으로 익는다.

쌍성꽃의 지름은
12~17밀리미터 정도다.

꽃잎

꽃받침조각

꽃받침조각의 길이는 7~8밀리미터,
꽃잎의 길이는 3밀리미터 정도다.

꽃받침조각

꽃잎

암꽃

턱잎

잎자루의 길이는
10~15밀리미터 정도이며
털이 많다.

잎은 길이 8~16센티미터,
폭 6~8센티미터 정도다.

잎은 얕게
갈라지기도 한다.

잎은 어긋나게 달리며
달걀꼴~달걀 같은
길둥근꼴이다.

잎가에
겹톱니가 있다.

어린 가지에
별 모양 털이 많으며
껍질눈이 있다.

약 1~2미터
높이로 자라는
갈잎떨기나무다.

장구밤나무

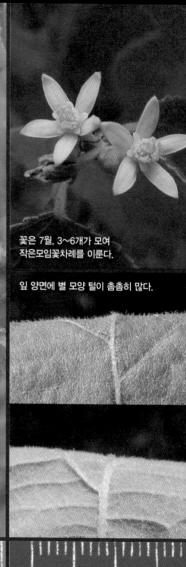

꽃은 7월, 3∼6개가 모여
작은모임꽃차례를 이룬다.

잎 양면에 별 모양 털이 촘촘히 많다.

좀장구밥나무

[좀장구밤나무]

Grewia parviflora f. angusta

—

장구밤나무*G. parviflora*에 비해 잎은 길이 3∼6센티미터, 폭 2∼4센티미터 정도로
소형이다. 꽃과 열매도 장구밤나무에 비해 소형이다.

굵은씨열매의 지름은
약 10밀리미터로
장구 모양이다.

장구밤

좀장구밤

열매의 지름
장구밤나무: 15밀리미터
좀장구밤나무: 10밀리미터

장구밤

좀장구밤

씨앗의 지름
장구밤나무: 8∼10밀리미터
좀장구밤나무: 5∼6밀리미터

꽃의 지름은
약 8~10밀리미터다.

꽃받침조각

꽃잎

꽃잎과 꽃받침조각은
각 5개씩이다.

잎 길이 비교
장구밤나무: 8~16센티미터
좀장구밤나무: 3~6센티미터

잎은 길이 3~6센티미터,
폭 2~4센티미터 정도로 소형이다.

좀장구
밤나무

장구밤나무

잎은 어긋나게 달리며
넓은 바소꼴~달걀꼴이다.

줄기는 곧추서는
경향이 있다.

어린 가지에
별 모양 털이 많으며
껍질눈이 있다.

약 1~2미터
높이로 자라는
갈잎떨기나무다.

꽃은 6월, 3~20개가 모여
편평꽃차례를 이룬다.

피나무

[꽃피나무 · 달피나무]

Tilia amurensis

—

잎 뒷면 잎줄겨드랑이에 갈색 털이 촘촘하며 씨방에 흰색 융털이 많다. 열매는
공 모양이고 능선이 없다. 열매에 갈색 털이 많으며 9월에 익는다.

잎 뒷면
잎줄겨드랑이에
갈색 털이 많다.

열매는 9월에
갈색으로 익는다.

굳은껍질열매의 지름은
5~8밀리미터 정도다.

열매는 공 모양이고
능선이 없다.

헛수술이 없다.

암술

수술

꽃잎

꽃받침

꽃의 지름은
약 15밀리미터다.

암술대

씨방

씨방에
흰색 융털이
촘촘하다.

잎은 길이 4~9센티미터,
폭 4~5센티미터 정도다.

잎은 어긋나게 달리며
넓은 달걀꼴이다.

잎가장자리에
예리한 겹톱니가 있다.

포엽의 길이는
3~7센티미터 정도다.

포엽苞葉

어린 가지에는
짧은 털이 있거나 없다.

약 20~25미터
높이로 자라는
갈잎큰키나무다.

꽃차례에 꽃의 숫자가
20~40개 정도로 많은 편이다.

섬피나무
Tilia insularis

—

피나무에 비해 꽃차례에 꽃의 숫자가 20~40개 정도로 많은 편이며 씨방에는 털
이 없다. 잎 뒷면 잎줄겨드랑이와 맥 위에 털이 있다. 열매는 달걀꼴이며, 열매에
능선은 미약하지만 아래쪽에서 위 끝까지 있다.

잎 뒷면 잎줄겨드랑이와
맥 위에 털이 있다.

열매는 달걀꼴이며
능선이 있다.

능선

굵은껍질열매의 길이는
5~8밀리미터 정도다.

열매에 능선은 미약하지만,
아래쪽에서 위 끝까지 있다.

꽃의 지름은
약 15밀리미터다.

헛수술이 없다.

씨방에는
털이 없다.

잎가장자리에
예리한 톱니가 있다.

잎은 길이 5~6센티미터,
폭 4~6센티미터 정도다.

잎은 어긋나게 달리며
달걀꼴~둥근꼴이다.

어린 가지에는
털이 거의 없다.

약 30미터
높이로 자라는
갈잎큰키나무다.

잎밑은
염통꼴밑이다.

섬피나무

연밥피나무
Tilia koreana

피나무*T. amurensis*에 비해 열매는 거꿀달걀꼴이며 능선이 있다. 꽃의 숫자가 3~8개로, 피나무보다 적게 핀다.

꽃은 6월, 3~8개가 모여 작은모임꽃차례를 이룬다.

잎 표면에 털이 없고 뒷면 잎줄겨드랑이에 갈색 털이 촘촘하다.

열매는 9월, 갈색으로 익으며, 열매의 숫자는 3~8개이다.

굳은껍질열매의 지름은 5~8밀리미터 정도다.

열매는 거꿀달걀꼴이며 능선이 있다.

능선

꽃의 지름은
약 15밀리미터다.

헛수술이 없다.

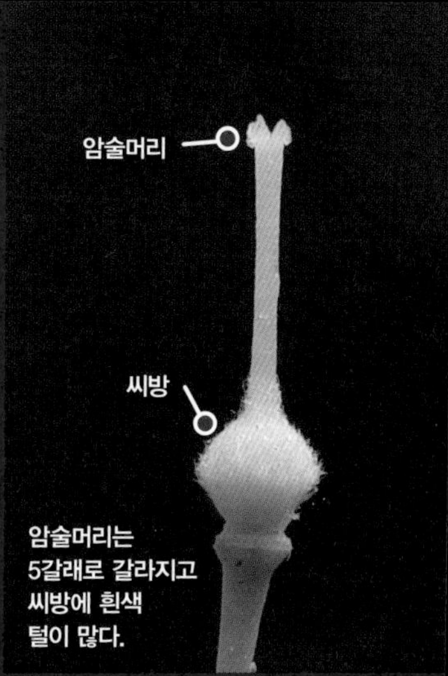

암술머리는
5갈래로 갈라지고
씨방에 흰색
털이 많다.

잎가장자리에
예리한
겹톱니가 있다.

잎은 길이 4~9센티미터,
폭 4~5센티미터 정도다.

잎은 어긋나게 달리며
넓은 달걀꼴~둥근꼴이다.

포엽의 길이는
3~7센티미터 정도다.

어린 가지에
털은 곧 없어진다.

약 15미터
높이로 자라는
갈잎큰키나무다.

꽃은 6월,
3~20개가 모여
편평꽃차례를 이룬다.

평안피나무

[왕피나무 · 큰피나무]

Tilia amurensis var. grosseserrata

—

피나무는 잎 끝이 급한 뾰족끝尖頭인데 비해 평안피나무 잎 끝은 길게 점점 뾰족해진다. 잎가에는 홑톱니가 있고 잎 뒷면 잎줄겨드랑이에 갈색 털이 있다. 열매는 거꿀달걀꼴이며 능선이 거의 없다.

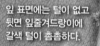

잎 표면에는 털이 없고
뒷면 잎줄겨드랑이에
갈색 털이 촘촘하다.

열매는 9월에
갈색으로 익는다.

굳은껍질열매의 지름은
5~8밀리미터 정도다.

열매는
거꿀달걀꼴이며
능선이 거의 없다.

꽃잎　꽃받침

꽃의 지름은
약 15밀리미터다.

헛수술이 없다.

씨방에는
털이 있다.

잎은 길이 4~9센티미터,
폭 4~5센티미터 정도다.

길게 점점
뾰족해진다.

잎가에
홑톱니가 있다.

잎은 어긋나게 달리며
넓은 달걀꼴이다.

약 20미터
높이로 자라는
갈잎큰키나무다.

나무껍질은
세로로 얕게
갈라진다.

어린 가지에는
털이 있거나 없다.

편평꽃차례의 길이는
약 4~6센티미터이며,
4~10개 정도의
꽃이 모여 핀다.

잎 뒷면 맥 위에
흰색 털이 있다.

넓은잎피나무

[큰잎유럽피나무 · 유럽피나무]

Tilia platyphyllos

잎 표면에는 약간의 털이 있고 뒷면 맥 위에 흰색 털이 있다. 편평꽃차례의 길이는 4~6센티미터 정도고 6월에 4~10개 정도의 꽃이 모여 핀다. 씨방에는 털이 있고 헛수술이 없다. 열매는 달걀꼴이고 끝이 뾰족하다. 열매의 능선은 아래쪽에서 위 끝까지 뚜렷하게 있다.

굳은껍질열매의 길이는
약 10밀리미터다.

열매의 끝은
뾰족하다.

열매는 5개의 능선이 뚜렷하고,
능선은 아래쪽부터 위 끝까지 있다.

꽃의 지름은
약 15밀리미터다.

헛수술이 없다.

씨방에는
털이 있다.

잎가에
날카로운
톱니가 있다.

잎은 어긋나게 달리며
둥근꼴~넓은 달걀꼴이다.

잎은 길이 6~12센티미터,
폭 4~6센티미터 정도다.

포엽

포엽의 길이는
5~7센티미터 정도다.

어린 가지에는
털이 있다.

약 30~40미터
높이로 자라는
갈잎큰키나무다.

유럽피나무

작은모임꽃차례의 길이는
6~9센티미터 정도이며,
7~20개의 꽃이 모여 핀다.

찰피나무

[염주보리수 · 설악보리수]

Tilia mandshurica

—

열매의 지름은 7~9밀리미터 정도의 공 모양이며 끝이 뾰족하지 않다. 열매에 능선이 거의 보이지 않는다. 열매에 갈색 털이 많으며 9월에 익는다.

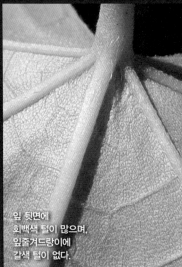

잎 뒷면에
회백색 털이 많으며,
잎줄겨드랑이에
갈색 털이 없다.

뾰족하지
않다.

열매에 갈색 털이
촘촘하며 9월에 익는다.

굵은껍질열매의 지름은
7~9밀리미터 정도고
공 모양이다.

희미한
능선

열매에 능선은
거의 보이지
않는다.

꽃잎

꽃받침

꽃의 지름은
15~18밀리미터 정도다.

수술

헛수술

꽃잎

꽃받침

헛수술이 있다.

씨방에는
털이 있다.

잎가장자리에
뾰족한
잔톱니가 있다.

잎은 길이 8~15센티미터,
폭 7~15센티미터 정도다.

잎은 어긋나게 달리며
달걀 같은 둥근꼴이다.

포엽의 길이는
5~12센티미터 정도다.

포엽

어린 가지에
갈색 짧은 털이 많다.

약 10~20미터
높이로 자라는
갈잎큰키나무다.

편평꽃차례의 길이는
5~10센티미터 정도이며,
6월에 3~12개의 꽃이 모여 핀다.

보리자나무

[보리수나무 · 흰보리수]

Tilia miqueliana

—

찰피나무*T. mandshurica*와 달리 열매의 능선은 위쪽에만 있다. 열매의 지름은
8~12밀리미터 정도로 약간 크다. 잎 뒷면 중심맥 아래쪽에 흰색 털이 있다.

잎 뒷면에 회백색 털이 촘촘하며,
중심맥 아래쪽에 흰색 털이 있다.

굵은껍질열매의 지름은
8~12밀리미터 정도로 약간 크다.

열매의 윗부분
염주나무: 뾰족하다.
보리자나무: 둥글다.

둥글다.

열매에 능선
찰피나무: 아래쪽에만 있다.
보리자나무: 위쪽에만 있다.

위쪽에만 능선

꽃잎의 길이는
7~8미터 정도다.

꽃받침

꽃잎

씨방에는 털이 있고
헛수술이 있다.

꽃잎

꽃받침

잎가에 뾰족한
잔톱니가 있다.

잎은 길이 8~15센티미터,
폭 7~15센티미터 정도다.

잎은 어긋나게 달리며
달걀 같은 둥근꼴이다.

포엽

포엽의 길이는
8~12센티미터 정도다.

어린 가지에는
별 모양 털이
촘촘하다.

약 10~12미터
높이로 자라는
갈잎큰키나무다.

보리자나무

염주나무

[구슬피나무 · 둥근염주나무]

Tilia mandshurica var. megaphylla

—

찰피나무*T. mandshurica*와 달리 열매에 5개의 능선이 뚜렷하며 능선은 열매 아래쪽에서 위 끝까지 발달한다. 열매의 끝은 뾰족하다.

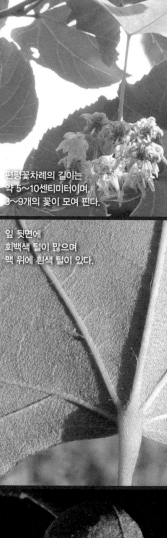

편평꽃차례의 길이는
약 5~10센티미터이며,
3~9개의 꽃이 모여 핀다.

잎 뒷면에
회백색 털이 많으며
맥 위에 흰색 털이 있다.

굵은껍질열매의 지름은
10~12밀리미터 정도다.

열매의 끝은
뾰족하다.

뾰족하다.

능선은
열매 아래쪽에서
위 끝까지 발달한다.

꽃잎
헛수술

씨방에는
털이 있다.

꽃잎의 길이는
7~8밀리미터 정도다.

속꽃잎으로 변한
헛수술이 있다.

잎가에
뾰족한 톱니가
있다.

잎은 보통 길이 10~12센티미터,
폭 7~10센티미터 정도다.

잎은 어긋나게 달리며
넓은 달걀꼴이다.

포엽의 길이는
8~14센티미터 정도다.

어린 가지에는
별 모양 털이 많다.

약 5~6미터
높이로 자라는
갈잎작은키나무다.

포엽

편평꽃차례의 길이는
6~10센티미터 정도이며,
3~9개의 꽃이 모여 핀다.

개염주나무

Tilia semicostata

—

염주나무 f. *megaphylla*와 달리 열매에 5개의 능선은 미약하고 희미하게 발달한다.
능선은 열매의 중간 이하 끝까지 발달한다. 열매는 거꿀달걀 같은 공 모양이며
끝이 뾰족하다.

잎 뒷면에 회백색 털이
촘촘히 많으며
맥 위에 흰색 털이 있다.

굵은껍질열매의 지름은
10~12밀리미터 정도다.

열매는
거꿀달걀 같은
공 모양이며
끝이 뾰족하다.

뾰족

능선

열매의 중간 이하 끝까지
능선이 희미하게 발달한다.

꽃잎의 길이는
7~8밀리미터 정도다.

헛수술이 있다.

꽃잎

꽃받침

암술머리는
5갈래로 갈라지고
씨방에는 털이 있다.

잎가에 뾰족한
잔톱니가 있다.

잎은 보통 길이 10~12센티미터,
폭 7~10센티미터 정도다.

잎은 어긋나게 달리며
넓은 달걀꼴이다.

어린 가지에
별 모양 털이
촘촘하다.

열매에 5개의 능선이 미약하고
희미하게 발달하여
잘 보이지 않는 것도 많다.

약 15미터
높이로 자라는
갈잎큰키나무다.

개염주나무

편평꽃차례의 길이는
6~9센티미터 정도이며,
7~20개의 꽃이 모여 핀다.

웅기피나무

[선뽕피나무]

Tilia mandshurica var. ovalis

찰피나무T. mandshurica에 비해 열매는 달걀꼴이며 끝은 뾰족하다. 열매에 능선은
없거나 미약하다.

잎 뒷면에
회백색 털이 많으며
맥 위에 털이 있다.

굵은껍질열매의 길이는
12~13밀리미터 정도다.

열매 아래쪽에
능선이 없거나
희미하다.

능선

열매는 달걀꼴이며
끝은 뾰족하다.

뾰족

꽃의 지름은
15~18밀리미터 정도다.

헛수술

속꽃잎으로 변한
헛수술이 있다.

꽃잎

씨방에는
털이 있다.

잎가장자리에
뾰족한 잔톱니가 있다.

잎은 길이 8~15센티미터,
폭 7~15센티미터 정도다.

잎은 어긋나게 달리며
넓은 달걀꼴이다.

포엽의 길이는
5~12센티미터 정도다.

포엽

어린 가지에
갈색 별 모양 털이 많다.

얼룩
무늬

약 5미터
높이로 자라는
갈잎작은키나무다.

편평꽃차례의 길이는
4~6센티미터 정도고
20개 정도가 모여 핀다.

좀피나무
[구주피나무]

Tilia Kiusiana
—

잎은 길이 5~8센티미터, 폭 2~4센티미터 정도로 폭이 좁고 길게 뾰족하다. 씨방에는 털이 있고 헛수술이 있다. 열매의 지름은 4~5밀리미터 정도의 굳은껍질 열매다. 열매는 거꿀달걀꼴이고 능선이 없다.

잎 뒷면
잎줄겨드랑이에
갈색 털이 있다.

잎 양면
맥 위에
털이 있다.

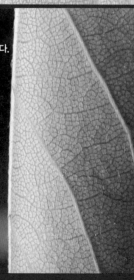

굳은껍질열매의 지름은
4~5밀리미터 정도다.

열매는 거꿀달걀꼴이고
능선이 없다.

꽃의 길이는
약 10밀리미터다.

헛수술이 있다.

씨방에는
털이 있다.

잎 끝은 길게 뾰족하며,
잎가에 불규칙한 톱니가 있다.

잎은 길이 5~8센티미터,
폭 2~4센티미터 정도다.

잎은 어긋나게 달리며
좁은 달걀꼴이다.

포엽의 길이는
4~6센티미터 정도다.

어린 가지에는
털이 있다.

약 10~15미터
높이로 자라는
갈잎큰키나무다.

꽃은 7~8월에
연한 노란색으로 핀다.

황근
[갯아욱 · 갯부용]

Hibiscus hamabo
—

어린가지에 별 모양 털이 촘촘하다. 잎은 어긋나게 달리며 거꿀달걀 같은 둥근꼴
이다. 꽃의 지름은 5~10센티미터 정도고 7~8월에 연한 노란색으로 핀다.

잎 표면에 털이 있고
뒷면에 털이 촘촘하다.

튀는 열매의 길이는
약 2~3센티미터이고
10~11월에 익는다.

씨앗의 길이는
4~5밀리미터 정도의
콩팥 모양이다.

덧꽃받침

꽃의 지름은
5~10센티미터 정도다.

한몸수술
單體雄蘂

꽃밥

암술머리

꽃받침

덧꽃받침副萼

잎가장자리에
둔한 톱니가 있다.

잎은 어긋나게 달리며
거꿀달걀 같은 둥근꼴이다.

잎은 길이 3~6센티미터,
폭 3~7센티미터 정도다.

턱잎

턱잎의 길이는
약 10밀리미터이고
일찍 떨어진다.

어린 가지에
별 모양 털이 많다.

약 1~2미터
높이로 자라는
갈잎떨기나무다.

찾아보기

한눈에 알아보는 우리 나무 4

초판인쇄 2023년 3월 17일
초판발행 2023년 3월 27일

지은이 박승철
펴낸이 강성민
편집장 이은혜
마케팅 정민호 박치우 한민아 이민경 박진희 정경주 정유선 김수인
브랜딩 함유지 박민재 김희숙 고보미 정승민

펴낸곳 (주)글항아리ㅣ출판등록 2009년 1월 19일 제406-2009-000002호

주소 10881 경기도 파주시 심학산로 10, 3층
전자우편 bookpot@hanmail.net
전화번호 031-955-8869(마케팅) 031-941-5162(편집부)

ISBN 979-11-6909-093-3 06480

www.geulhangari.com